普通高等教育（高职高专）艺术设计类『十二五』规划教材

室内空间设计

主编 刘莉 向耘郎
副主编 张毅 祁焱华 王红英

中国水利水电出版社
www.waterpub.com.cn

内 容 提 要

本书以项目为载体，注重理论与实践相结合，将课程分为4个模块，主要包括一居室住宅空间设计、单元式办公空间设计、大型专卖店设计、经济快捷酒店设计等。本书内容新颖，系统全面，图文并茂，内容由浅入深，每个模块都有对应的实训内容，强调理论基础的同时更重视实践操作能力与创造性思维的培养。本书还有配套课件，读者可在 http://www.waterpub.com.cn/softdown 查阅下载。

本书可作为高等院校、高职高专、成人、函授、网络教育和自学考试专业培训等艺术设计类专业学生的教材或教辅使用，也可供相关专业人士参考。

图书在版编目（CIP）数据

室内空间设计 / 刘莉，向耘郎主编. -- 北京 ： 中国水利水电出版社，2013.12（2019.1重印）
普通高等教育（高职高专）艺术设计类“十二五”规划教材
ISBN 978-7-5170-1499-7

Ⅰ. ①室… Ⅱ. ①刘… ②向… Ⅲ. ①室内装饰设计－高等职业教育－教材 Ⅳ. ①TU238

中国版本图书馆CIP数据核字（2013）第309547号

书　　名	普通高等教育（高职高专）艺术设计类“十二五”规划教材 室内空间设计
作　　者	主编　刘莉　向耘郎　副主编　张毅　祁焱华　王红英
出版发行	中国水利水电出版社 （北京市海淀区玉渊潭南路1号D座　100038） 网址：www.waterpub.com.cn E-mail：sales@waterpub.com.cn 电话：（010）68367658（营销中心）
经　　售	北京科水图书销售中心（零售） 电话：（010）88383994、63202643、68545874 全国各地新华书店和相关出版物销售网点
排　　版	北京时代澄宇科技有限公司
印　　刷	北京印匠彩色印刷有限公司
规　　格	210mm×285mm　16开本　8.5印张　292千字
版　　次	2013年12月第1版　2019年1月第3次印刷
印　　数	5001—7000册
定　　价	39.00元

QIANYAN 前　言

随着经济的高速发展，人们的生活水平质量有了极大的提高，室内设计水平也随着社会经济、文化交流、科学技术、环保意识等发展有了更进一步的提升，这对于更好地创造适于人类生存的空间环境有着极其重要的意义。我国房地产行业的迅速发展，促进了室内设计和建筑装饰行业的繁荣，为从事室内设计和建筑装饰行业的人员提供了施展才艺的空间，使中国优秀的室内设计者不断设计出优秀之作。在这么良好的环境下，我国室内设计人才的培养力度应进一步加强。

室内空间设计是室内设计专业的必修课程之一。当今许多高职高专院校都开设了室内设计专业，以满足室内设计的发展需要。室内设计与人们的日常生活紧密相关，是一门建立在“人性化”理念基础上的将空间的功能性与设计的技术性、艺术性联系在一起的综合性设计学科，是将人们的环境意识与审美意识相互结合，从建筑内部把握空间的环境需求，以提升人类生活品质的创造性活动。

本书突出高职教育特色，以校企合作的企业和教师工作室承接的真实项目为载体，基于装饰公司典型项目工程设计的工作过程，设置一居室住宅空间设计、单元式办公空间设计、大型专卖店设计和经济快捷酒店设计 4 个模块。通过教、学、做一体的教学方式，工作过程涵盖了室内设计各个领域，可以强化学生的岗位基本技能与核心技能，对专业人才培养目标中主要工作岗位，尤其是室内装饰设计员岗位的职业技能及职业素养的养成起着主要支撑作用。本书旨在突显学生的动手能力和积极大胆的创造性思维，强调设计的逻辑性和实用性，淡化传统“美术功底”对室内设计的影响，更适用于广大的非艺术类学生和爱好者学习。

本书由刘莉、向耘郎担任主编，张毅、祁焱华、王红英担任副主编。其中模块一由刘莉编写；模块二由向耘郎编写；模块三由祁焱华、王红英编写；模块四由张毅编写。全书由刘莉统稿，王晶、凌晓培参与本书部分章节的资料采集及图片整理等工作。

本书在编写过程中，注意理论联系实践，图文并茂，突出了每一模块的重点和难点，所选用的插图一部分为编者自己考察时收集的资料、相片及师生设计的作品，一部分从国内外有关室内设计的画册中获得，其余部分则选用了各个设计网站的作品图片，还有一些已难以查找其来源，在此对以上设计类网站及原作者表示由衷的感谢！特别要感谢的是中国水利水电出版社淡智慧主任和李晔韬编辑的鼓励和支持，使本书能顺利出版。

由于编者水平所限，书中的缺点和错误在所难免，敬请读者批评指正，以便在教学实践及修订版中加以改正。

编者

2013年10月

课时安排

授课年级：第 2 学年上学期。

基本学时：72 学时（其中：理论 34 学时、实践 38 学时）。

模块	课程内容		课时	
			理论	实践
模块 1　一居室住宅空间设计	课题 1.1　室内空间设计概述	室内空间设计含义、内容、分类 室内空间设计依据和要求 室内空间设计现状、发展趋势 室内空间设计职业与岗位职责	3 课时	
	课题 1.2　室内空间设计方法与程序步骤	室内空间设计的原则 室内空间设计的方法 室内空间设计的程序步骤	2 课时	
	课题 1.3　室内空间设计风格、流派特征	风格的成因和影响 室内空间设计的风格 室内空间设计的流派	2 课时	
	课题 1.4　现场勘察与测量	测量现场的准备工作 测量现场的工作要点 提交现场测量成果要求	2 课时	2 课时
	课题 1.5　项目任务：一居室住宅空间设计	设计要求与措施 住宅空间各部分装饰设计 一居室住宅空间案例赏析	2 课时	4 课时
模块 2　单元式办公空间设计	课题 2.1　人体工程学、环境行为与室内空间设计的关系	人体工程学与室内空间设计及应用 行为心理学与室内空间设计 环境心理学与室内空间设计	2 课时	
	课题 2.2　室内空间划分与组织	室内空间概念 室内空间形式与构成 室内空间组合与分割 室内空间序列与设计手法 室内空间构图要素和基本原则	3 课时	
	课题 2.3　室内各界面的造型设计	地面的造型设计 顶面的造型设计 墙面的造型设计	3 课时	2 课时
	课题 2.4　项目任务：单元式办公空间设计		2 课时	6 课时

续表

模块	课程内容		课时	
			理论	实践
模块 3　大型专卖店设计	课题 3.1　室内光环境设计	采光与照明设计的基本概念 室内照明方式与种类 室内照明常用灯具	2 课时	
	课题 3.2　室内色彩与材料质地	色彩的基础知识 各空间内部色彩的选择与处理 材料质地	2 课时	
	课题 3.3　室内空间家具与陈设设计	室内空间家具设计 室内空间陈设设计	2 课时	
	课题 3.4　项目任务：大型专卖店设计	商业空间设计 商业空间案例赏析	2 课时	10 课时
模块 4　经济快捷酒店设计	课题 4.1　室内绿化与庭院设计	室内绿化的作用 室内绿化的布置 室内植物的选择 室内中庭组织与意境 景观设施与环境小品设计	2 课时	
	课题 4.2　室内信息、音响、智能设备与保安设施	室内信息、声音影像、智能设备及应用 室内消防安全要求与保安设施	1 课时	
	课题 4.3　项目任务：经济快捷酒店设计	经济快捷酒店空间设计 酒店空间案例赏析	2 课时	14 课时

MULU 目　录

模块 2　单元式办公空间设计

模块 3　大型专卖店设计

模块 4 经济快捷酒店设计

模块 1 | 一居室住宅空间设计

课题1.1
室内空间设计概述

● 学习目标

掌握室内空间设计含义、内容及分类；了解室内空间设计依据、要求及室内空间设计现状、发展趋势；了解装饰行业状况与市场前景；熟练掌握室内空间设计职业与岗位职责。

● 学习任务

（1）室内空间设计含义、内容、分类。

（2）室内空间设计依据、要求。

（3）室内空间设计现状、发展趋势。

（4）室内空间设计职业与岗位职责。

● 任务分析

室内空间设计概述包含了室内空间设计的含义、内容、分类、依据、职业与岗位职责等内容。它是室内空间设计最基础的内容。这些基础性内容为后续内容的研究及实训环节的完成提供了坚实的理论依据。

引例

北京香山饭店是建筑大师贝聿铭的代表作之一，在这里，漏窗、月洞门、绿色植物、山水小品以及简化的大屋顶，使人们仿佛置身于江南园林之中（见图 1-1-1）。是什么让这个由现代材料和技术营造的室内空间充满中国江南园林的神韵呢?

1.1.1 室内空间设计含义、内容、分类

1.1.1.1 室内空间设计含义

室内空间设计是一种理性创作与感性表现并重的活动。其作用是在有限的室内空间环境及有限的物质条件下发挥其实用性与经济性，并满足与平衡人们精神与心理的需求，为提高生活质量而进行的有意识的营造理想化、舒适化的内部空间的设计活动。美化生活是其主要目标，符合实用、经济、美感三大原则是其目的，也就是说，室内空间设计是以科技为工具，人性为出发点去创造一个让精神与物质文明更和谐，生活更有效率，更能增进人生意义的生活环境的一种工作。

图 1-1-1 北京香山饭店中庭

所谓室内空间设计，是以一定的建筑内部空间为基础，根据建筑物的使用性质、所处环境和相应标准，运用物质技术手段和建筑美学原理，创造功能合理、舒适优美，满足人们物质和精神生活需要的室内环境。

在室内空间设计中，必须从整体把握设计对象，其依据因素如下。

1）使用性质：建筑功能要求与之相适应的空间形式。

2）所处环境：建筑物和室内空间的周围环境状况。

3）相应标准：相应工程项目的总投资和单方造价标准的控制。

1.1.1.2　室内空间设计的功能

室内空间的功能包括物质功能和精神功能。

（1）物质功能。

物质功能包括使用方面的要求，如空间的面积、大小、形状，适合的家具、设备布置，使用方便，节约空间，交通组织、疏散、消防、安全等措施以及科学地创造良好的采光、照明、通风、隔声、隔热等的物理环境等。

现代电子工业的发展，新技术设施的引进和利用，对建筑使用提出了相应的要求和改革，其物质功能的重要性、复杂性是不言而喻的。

如住宅，在满足一切基本的物质需要后，还应考虑符合业主的经济条件，在维修、保养或修理等方面开支的限度，提供安全设备和安全感，并在家庭生活期间发生变化时，有一定的灵活性等。

关于个人的心理需要，如对个性、社会地位、职业、文化教育等方面的表现和对个人理想目标的追求等提出的要求。心理需要还可以通过对人们行为模式的分析去了解。

（2）精神功能。

精神功能是在物质功能的基础上，在满足物质需求的同时，从人的文化、心理需求出发，如人的不同的爱好、愿望、意志、审美情趣、民族文化、民族象征、民族风格等，并能充分体现在空间形式的处理和空间形象的塑造上，使人们获得精神上的满足和美的享受。

精神功能在宫廷建筑中的体现，如图 1-1-2 所示为北京故宫三大殿的布局，空间布局采用严格的中轴线布局设计，形成皇权至高无上的精神效果。

图 1-1-2　北京故宫三大殿鸟瞰

精神功能在宗教建筑中起着主导作用，如图 1-1-3 所示为古典教堂内部的空间设计，空间处理挺拔向上，空间感狭长而高耸，创造出神秘的宗教气氛。如图 1-1-4 所示为法国朗香教堂内景，空间虽然不大，但墙面上开着奇形怪状的窗户，投射进来的光线若即若离，创造出神秘莫测的气氛。

图 1-1-3　教堂建筑室内设计

图 1-1-4　法国朗香教堂

在近现代公共建筑中，如坐落在天安门广场两侧的人民大会堂和革命历史博物馆，之所以采取对称的形式主要不在于物质方面的功能，而是取决于精神功能方面的要求——希望能获得庄严、雄伟的气氛，如图 1–1–5 所示为人民大会堂。

居室是现代人们赖以生存和寄托精神的载体，同时也是体现一个家庭群体文化品位和审美气质的场所，如图 1–1–6 所示为起居室的立面主题墙。

图 1–1–5　人民大会堂万人礼堂

图 1–1–6　起居室设计

1.1.1.3　室内空间设计内容

室内空间设计的内容，涉及到由界面围成的空间形状、空间尺度的室内空间环境，室内声、光、热环境，室内空气环境（空气质量、有害气体和粉尘含量、放射剂量……）等室内客观环境因素（见图 1–1–7）。由于人是室内空间设计服务的主体，从人们对室内空间身心感受的角度来分析，主要有室内视觉环境、听觉环境、触感环境、嗅觉环境等，即人们对环境的生理和心理的主观感受，其中又以视觉感受最为直接和强烈。客观环境因素和人们对环境的主观感受，是现代室内空间设计需要探讨和研究的主要问题。

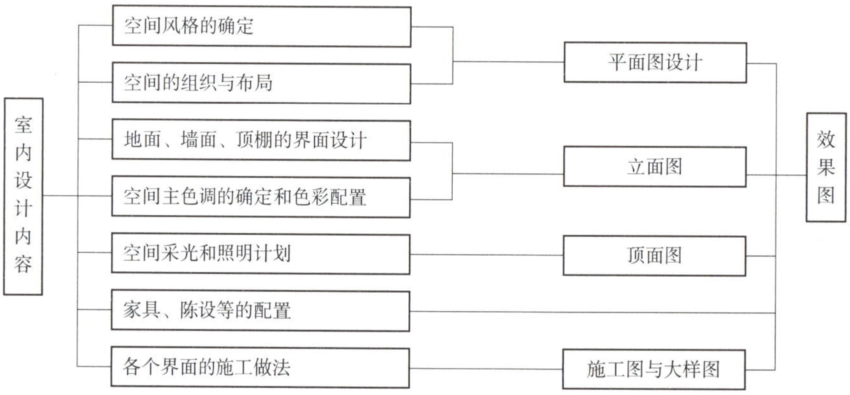

图 1–1–7　室内空间设计内容包含的主要方面

1.1.1.4　室内空间设计的分类

室内空间设计的形态范畴可以从不同的角度进行界定、划分。从与建筑设计的类同性上，一般分为居住建筑室内设计、公共建筑室内设计、工业建筑室内设计和农业建筑室内设计四大类。但根据其使用范围来分类，概括起来可以分为两大类：人居环境设计和公共空间设计，其中公共空间设计包括限定性空间和非限定性空间的设计。还有按空间的使用功能分类为：家居室内空间设计、商业室内空间设计、办公室内空间设计、旅游空间室内设计等（见图 1–1–8）。

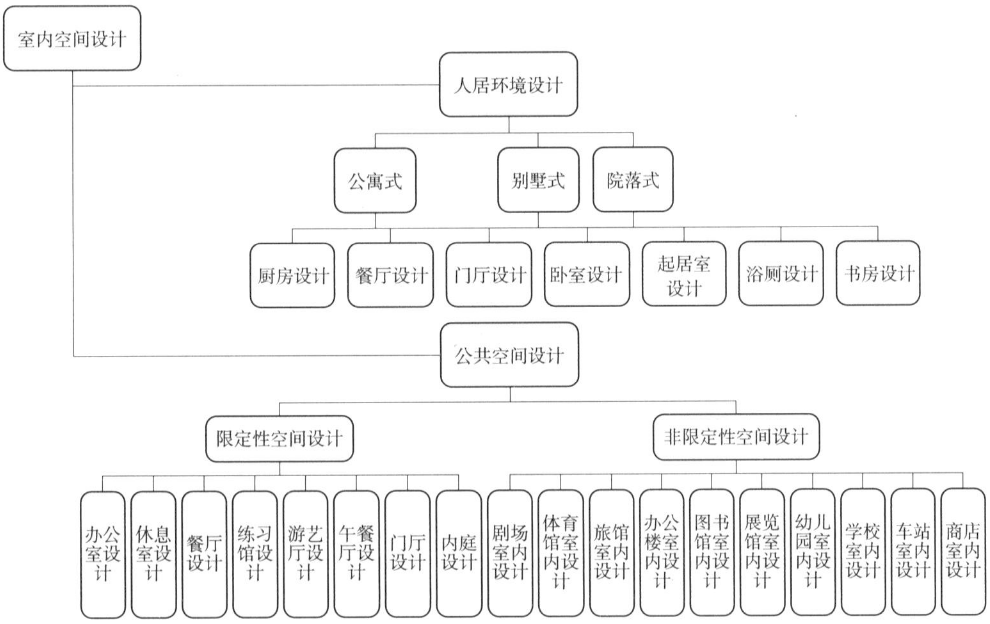

图 1-1-8　室内空间设计分类图

1.1.2　室内空间设计依据和要求

1.1.2.1　室内空间设计依据

室内空间设计作为一门综合性的独立学科，其设计方法已不再局限于经验的、感性的、纯艺术范畴的阶段。随着现代科学技术的发展，随着人体工程学、环境心理学等学科的建立与研究，室内空间设计已确立起科学的设计方法和依据。主要有以下各项依据。

（1）人体尺度及人体活动空间范围。

室内空间设计的目的是为人服务，满足人和人的活动需要是设计的核心。因此，人体的基本尺度和人体活动空间范围成为室内空间设计的主要依据之一，如室内门洞尺寸、通道宽度、栏杆扶手尺寸、室内最小净高尺寸、家具的尺寸等都是以人体尺度为基本依据确定的。同时，还要充分考虑到在不同性质的空间环境中，人们的不同心理感受，对个人领域、人际距离等因素的要求也不相同。因此，还要考虑满足人们心理感受需求的最佳空间范围。

（2）家具设备尺寸及其使用空间范围。

建筑空间内，除了人的活动外，占据空间的主要是家具、设备、陈设等内含物。对于家具、设备，除其本身的尺寸外，还应考虑安装、使用这些家具设备时所需的空间范围，这样才能发挥家具、设备的使用功能，而且使人使用方便、舒适，从而提高工作效率。

（3）建筑结构、构造形式及设备条件。

室内空间设计是对新建建筑内部空间或已经过使用的建筑内部空间进行再创造，因此，建筑的结构体系、构造方式和设备状况等条件必然成为室内空间设计的重要依据。如房屋的结构形式、楼层的板厚梁高、水电暖通等管线的布局情况等，都是进行空间设计必须了解和考虑的因素。其中有些内容，如水、电管线的铺设，在与有关工种的协调下可作适当调整。而有些内容则是不能更改的，如结构形式、梁的位置与高度、电梯、楼梯位置等在设计中只能适应它。当然，建筑物的总体布局和建筑设计总体构思也是室内空间设计时需要考虑的设计依据之一。

（4）现行设计标准、规范等。

现行国家及行业的相关设计标准、设计规范及地方法规等也是室内空间设计的重要依据之一，如《商业建筑设计规范》（JGJ 48—88 试行）、《建筑内部装修设计防火规范》（GB 50222—95）（2001 年修订版）等。

（5）已确定的投资限额和建设标准、设计任务要求的工程施工期限。

由于装饰材料、施工工艺、灯具等种类繁多、千差万别，因此，同一空间，不同的设计方案，其工程造价可以相差几倍甚至十多倍。所以，投资限额与建设标准是室内空间设计重要的依据因素。同时，工程施工工期的限制，也会影响设计中对空间界面处理方法、装饰材料和施工工艺的选择。

1.1.2.2 室内空间设计的要求

对于室内空间设计的要求有以下几点。

（1）体现以人为本的设计观念，具有满足使用要求的、合理的室内外空间组织和平面布局，并提供符合使用要求的声、光、热等物理环境，以满足物质功能的需求。

（2）具有造型优美的空间构成和界面处理，宜人的光、色和材质配置，符合建筑环境气氛，满足使用者在意志、性格、趣味、心理、审美等方面的精神需求。

（3）采用合理的技术措施，正确选择使用装饰材料和设施设备，使其具有良好的经济效益。

（4）符合安全疏散、防火、卫生健康等方面的设计规范，遵守与设计任务相适应的有关设计条例和原则。

（5）贯穿可持续性发展的设计理念，充分考虑空间环境的节能、节材、防污染和空间利用。

（6）室内功能、材料和设备具有再调整、利用和创造的可能性，为今后的变化留有余地。

对于设计师的要求有以下几点。

（1）掌握室内空间设计的基本知识，具有对室内空间功能分析、平面布局、空间组织、形体设计的必要知识，具有对总体环境艺术和空间艺术的理解和素养。

（2）掌握装饰材料、建筑物理、装饰构造、施工技术等方面的必要知识，了解装饰结构、建筑设备、人体工程学、环境心理学等方面的相关知识。

（3）具有较好的艺术修养和设计表达能力，并能积极地了解历史传统、文化思想、风俗习惯、乡土风情、宗教信仰。

（4）能熟练运用现代计算机技术。

（5）熟练掌握室内空间设计以及室内空间设计方面的有关规范与法规，并能够在室内空间设计中完善、执行。

1.1.3 室内空间设计现状、发展趋势

1.1.3.1 室内空间设计现状

从目前来看，我国室内设计的价值概念尚未在全社会完全确立，产权得不到应有的保护。设计业中存在以施工代设计的所谓“免费设计”运用模式，存在简单抄袭现象，在风格、材料、造型上都有不同程度的反映。设计业低价竞争，招投标不规范，设计周期短，设计未从施工中彻底剥离，未形成与建筑设计同样的室内设计市场。社会公众的审美水平与消费心理没有达到符合时代要求的成熟程度。部分设计师追求空间界面的表现浮夸，滥用和不恰当地运用材料，缺乏应有的材料与构造知识，不能从空间构造的高度去考虑设计问题。

与室内设计所服务的建筑装饰行业相关的有装饰材料市场、工程施工、设计三大方面。20多年来，这三个方面的市场发展是很不平衡的。发展最快的是材料市场，相对成熟、定位趋稳的是工程施工市场，只有设计市场还在步履艰难的初级阶段。室内设计专业的技术规范、行业标准还不完善，装饰设计的领域里还没有一个范本，对材料的称谓也各有差异，室内装饰施工图的规范和标准不明确，施工图的绘制有一定的随意性。这些年来，经过各类学校的培养和社会不同艺术与技术人员的转行，已经有了一支数量可观的设计师队伍。中国经济的高速发展，使室内设计师有了更广阔的体现自我价值的舞台。随着计算机制图的广泛应用，只要熟练掌握相关软件，就能制出精美的图纸。一些设计人员只懂制图，不懂工程，只接受了相关软件的培训，没有接受设计方面的系统性培训。出现了专门画图的公司和工作室，有的甚至把效果图的制作工程分解为流水作业，将建模、灯光效果和后期处理作专业分工；有的为了图面效果，把空间放大、加高，不能反映真实的设计内容，非常令人担忧。

中国室内设计近30年的发展步伐在全世界是较快的。中国的室内设计与发达国家的差距越来越小。近年来，已有很多

的国外设计师事务所进驻中国的城市。未来几年里会有更多的国外企业参与室内设计领域的竞争，中国设计师和企业都将面临严峻的挑战。如何才能迅速提高设计水平，在竞争中保持一定的市场份额，成为摆在中国室内设计人员面前的重要课题。

1.1.3.2 室内空间设计发展趋势

随着社会的发展和时代的推移，现代室内空间设计具有以下所列的发展趋势。

（1）从总体上看，室内环境设计学科的相对独立性日益增强；同时，与多学科、边缘学科的联系和结合趋势也日益明显。现代室内空间设计除了仍以建筑设计作为学科发展的基础外，工艺美术和工业设计的一些观念、思考和工作方法也日益在室内空间设计中显示其作用。

（2）室内空间设计的发展，适应于当今社会发展的特点，趋向于多层次、多风格。即室内空间设计由于使用对象的不同、建筑功能和投资标准的差异，明显地呈现出多层次、多风格的发展趋势。但需要着重指出的是，不同层次，不同风格的现代室内空间设计都将更为重视人们在室内空间中的精神因素的需要和环境的文化内涵。

（3）专业设计进一步深化和规范化的同时，业主及大众参与的势头也将有所加强。这是由于室内空间环境的创造总是离不开生活、生产活动于其间的使用者的切身需求。贴近生活，能使使用功能更具实效，更为完善。

（4）设计、施工、材料、设施、设备之间的协调和配套关系加强，上述各部分自身的规范化进程进一步完善。

（5）由于室内环境具有周期更新的特点，且其更新周期相应较短，因此在设计、施工技术与工艺方面优先考虑干式作业、块件安装、预留措施等。

（6）从可持续发展的宏观要求出发，室内空间设计将更为重视防止环境污染的“绿色装饰材料”的运用，考虑节能与节省室内空间，创造有利于身心健康的室内环境。

1.1.4 室内空间设计职业与岗位职责

室内设计师的称谓很多，有的称为装饰设计师，还有的称为美术设计师，作为专业工作范围称号，应为室内建筑师更加准确。因为室内设计师所涉及的工作要比单纯的装饰广泛得多，他们关心的范围已扩展到生活的每一方面，尤其是人居环境，例如住宅空间、商业空间、办公空间、公共空间（包括车船、飞机舱内）等的室内环境设计。最终目的是创造舒适的室内环境，提高劳动生产率和公共设施的使用率。总之，是在室内环境设计中给予人们各种舒适、安全和美感。

在欧洲一些国家，室内设计师已经与建筑师、工程师、医师、律师一样成为一种职业。专业室内设计师应该受过良好的教育，具有一定的经验并且通过资格考试，具备完善内部空间功能与质量的设计与实施能力。为了达到改善人们生活质量，提高工作效率、保障公众的健康、安全与福利的目标，专业室内设计师应该具有以下能力。

（1）分析业主的需要、目标和有关生活安全的各项要求。

（2）运用室内空间设计的知识综合解决空间计划的各相关问题。

（3）根据有关规范和标准的要求，从功能、舒适、美学等方面系统地提出初步概念设计。

（4）通过适当的表达手段，发展和展现最终的设计建议。

（5）按照通用的无障碍设计原则和所有的相关规范，提供有关非承重内部结构、地面、墙面和顶面及家具、照明、室内细部设计、材料选配等技术设备的施工图和相关专业服务。

（6）在设备、电气和承重结构设计方面，应该能与其他有资质的专业人员进行共同合作。

（7）可以作为业主的代理人，准备和管理投标文件与合同文件。

（8）在设计文件的执行过程中和执行完成时，应该承担监督和评估的责任。

室内空间设计的工作性质决定了室内设计师职业修养的内容。室内空间是艺术化了的物质环境。设计这种空间要了解它作为物质产品的构成技术。同时，也要懂得它作为空间艺术品的创作规律。不切实际的或无视构造技术的设计只可能是纸上画画、墙上挂挂的空想图画。如果硬要造出来，会令人不堪入目，并危及人的生命安全。所以，室内设计师的大量工作与相应的职业修养都应该集中到技术与艺术的结合上来。

课题1.2
室内空间设计方法与程序步骤

● **学习目标**

了解空间设计的基本原则；熟练掌握室内空间装饰设计的方法，掌握室内空间设计的程序步骤。

● **学习任务**

（1）室内空间设计原则和方法。

（2）室内空间设计的程序步骤。

● **任务分析**

室内空间设计的原则和方法是室内空间设计概述的补充，可以引导学生更好的理解室内空间设计的概念。室内空间设计的程序步骤是室内空间设计中至关重要的一环，可以帮助学生掌握一个正确的设计方法。程序步骤正确了，可以说整个设计就成功了一半。

1.2.1 室内空间设计的原则

室内空间设计的原则概括起来就是：在一定条件下，完美的综合解决各种功能要求，并且使设计符合美学原则和具有独特的创意。

这里的“一定条件”，一般指特定的地域位置、特定的城市环境、城市历史与文化氛围，以及特定的法规条件、特定的施工条件、一定的经济承受能力和时间。

这里的“功能要求”包括物质功能和精神功能的双重要求。它要求室内空间既能满足使用、安全、卫生等基本要求，又要求内部空间能为人们提供舒适的物理环境，解决照明、采暖、制冷、通风、供水等一系列技术问题，更要求室内环境能满足使用者的精神需求，使设计尽量符合使用者的身份、职业、年龄、气质、民族、文化背景等。

至于“美学原则和创意”方面的要求，是任何室内设计都必须符合的，否则就谈不上美，也就无法成为一个设计作品。此外，在此基础上，还应该强调设计必须具有独特的构思，具有新颖的立意，具有个性和独创性。只有具备了这些条件，才能真正称得上是优秀的室内设计作品，这也是室内设计师应该努力追求的目标。

在现代生活中，人是中心，人造环境，环境造人。因此，一个新的室内设计作品的诞生，应涉及到人的因素、地域与技术的因素、建筑与环境关系的因素、经济的因素等。也就是说，室内空间设计首先要以人为核心，在尊重人的基础上，关怀于人、服务于人。另一方面，设计的出现可能是技术上的革新，也可能是社会上的需求改变文化氛围的演变结果。一个新设计的诞生，涉及三方面的主要因素：技术的、经济的和人的因素。也就是说，设计的出现可能是技术上的革新，也可能是社会上的需求改变或文化氛围演变的结果，因此，在设计开发过程中，设计师应考虑以下几个设计原则。

1.2.1.1 功能性设计原则

功能性设计原则的要求是使室内空间、装修装饰、物理环境、陈设绿化最大限度地原则满足功能所需，并使其与功能相和谐、统一。功能的合理性不仅要求室内空间本身具有合理的空间形式，而且要求各空间之间必须保持合理的联系。

1.2.1.2　经济性设计原则

经济性设计是以最小的消耗达到所需的目的。如在建筑施工中使用的工作方法和程序省力、方便、低消耗、低成本等。一项设计要为大多数消费者所接受，必须要在“代价”和“效用”之间谋求一个均衡点，但无论如何，降低成本不能以损害施工效果为代价。经济性设计原则包括两方面：即生产性和有效性。

1.2.1.3　美观性设计原则

美是一种随时间、空间、环境而变化，适应性极强的概念。所以，在设计中美的标准和目的也会大不相同。我们既不能因强调设计在文化和社会方面的使命及责任而不顾使用者需求的特点，同时也不能把美庸俗化，这需要有一个适当的平衡。

1.2.1.4　个性化原则

设计要具有独特的风格，缺少个性的设计是没有生命力与艺术感染力的。无论在设计的构思阶段、还是在设计深入的过程中，只有加以新奇的构思和巧妙的构想，才会赋予设计以勃勃生机。现代的室内空间设计，是以增强室内环境的精神与心理需求的设计为最高目的。在发挥现有的物质条件下，在满足使用功能的同时，来实现并创造巨大的精神价值。

1.2.1.5　舒适性原则

各个国家对舒适性的定义各有所异，但从整体上来看，舒适的室内空间设计是离不开充足的阳光、无污染的清新空气、安静的生活氛围、丰富的绿地和宽阔的世外活动空间、标志性的景观等。

1.2.1.6　安全性原则

室内空间，是人们活动的主要聚集地。同时，人的流动速度较大，公共性、开放性也是其代表的特征。因此，在室内环境空间中，无论是公共活动区，还是私有活动区，都会担心自己的安全是否有保证。因此，在室内公共场所和具有监控的地方感觉安全性较大，无人之处则不安全因素较多。

1.2.2　室内空间设计的方法

室内空间设计方法是建立在思维方式的基础上的，所以根据思维方式分为“理性”和“感性”两大类，设计方法也分为“分析法”和“归纳法”两类，这就是思维方式和设计方法的共通性。分析法偏重理性思维，归纳法偏重感性思维，所以设计方法和思维方式是对应的关系。思维方式是设计方法的核心，设计方法是思维方式的载体。

如果我们以设计的表达、设计的艺术性来看，理性的分析法是从自然科学的角度对空间进行设计，感性的归纳法是从文化角度对空间进行设计。室内空间设计产生以来，围绕着理性的分析法和感性的归纳法都产生了众多经典的设计，所以这两种方法没有优劣之分。

1.2.2.1　分析法

分析指对事物的系统性拆解。分析的概念是文艺复兴以后，西方文化中唯物机械观的呈现，认为所有事物都是可以经由拆解而获得真相，而且这些拆解的事物经过再组合，就成为这个事物的原样。也就是说：任何大问题都可以拆解成小问题，小问题再组合还原就成为大问题。在室内空间设计领域中，分析法就是理性思维与系统思维的结合。要通过了解室内空间设计的整体环境、使用功能、设计要求、风格体现以及材料和色彩的应用等一系列的系统问题，找出设计方法，设计创意。分析法是一种“形随机能”的设计理念。

图 1-2-1　“巴塞罗那”椅

例如密斯·凡德罗于 1929 年设计的巴塞罗那椅，简洁的外观，充分考虑到人体工程学使椅子成为功能和造型的完美统一体，体现出德国现代设计的理性化特点（见图 1-2-1）。“巴塞罗那”椅的设计在造型上考虑到人体的使用情况，分析何种形式的支架可以支撑重量，在结构上运用新的形式，如坐垫下采用皮带承受重量。这些注重功能性的设计多采用分析方法，运用到逻辑思维，转型思维等理性的思维方式，所以偏重于理性设计。

1.2.2.2 归纳法

归纳法就是依靠感性的方法，依靠表现情感的习惯，发挥创造力，使之成为设计活动的一部分，感性的设计方法是针对批量化生产给设计带来的“单调无趣”，使设计越来越远离“艺术性”而产生的。主要是依靠设计师表现情感的习惯进行设计，往往能彰显出“多元价值观”、“情意叙述”的创作精神，体现鲜明的设计风格，也是最容易打动欣赏者的设计方法。归纳法是一种“形随意境”的设计理念。

例如朗香教堂，它是 1950—1953 年由法国建筑大师勒·柯布西耶设计建造，于 1955 年落成。朗香教堂的设计对现代建筑的发展产生重要影响，被誉为 20 世纪最为震撼、最具有表现力的建筑，设计师摒弃了传统教堂的模式和现代建筑的一般手法，把它当做一件混凝土雕塑作品加以塑造（见图 1-2-2）。教堂造型奇异，平面不规则；墙体几乎全是弯曲的，有的还倾斜；沉重的屋顶向上翻卷着，它与墙体之间留有一条 40cm 高的带形空隙；粗糙的白色墙面上开着大大小小的方形或矩形的窗洞，上面嵌着彩色玻璃；入口在卷曲墙面与塔楼的交接的夹缝处；室内主要空间也不规则，墙面呈弧线形，光线透过屋顶与墙面之间的缝隙和镶着彩色玻璃的大大小小的窗洞投射下来，使室内产生了一种特殊的气氛。柯布西耶对于朗香教堂的设计多运用到直觉思维、创意思维等感性的思维方式，偏重感性的设计范畴。所以朗香教堂的形象会令人产生强烈的、深刻的、难忘的印象。

图 1-2-2　朗香教堂

总之，分析法就是运用计算、可推理的方式、明确的运用分析来从事设计创作的；而归纳法则是明确运用人的情境设想、想象力、联想力的方式来从事设计的。从另一个角度来看，现代设计中要求既注重功能的需求，又注重设计的个性化，这使分析法和归纳法之间的关系越来越密切。他们互为补充，就像硬币的两面一样难以区分，在设计方法中占据着同等重要的位置。

1.2.3 室内空间设计的程序步骤

1.2.3.1 方案调查阶段

（1）现场的勘察与测量。

多数的室内设计工作始于建筑设计和施工之后，室内空间设计常为建筑空间中的固定元素所限制，如果能有条件在建筑设计的初始阶段即开始室内空间设计工作的介入，会大大减少日后室内空间设计工作中的制约和矛盾。

对于没有图纸的项目，自然需要到现场进行详细测绘，而对于已建成的项目，包括改建或扩建项目，虽然会有建筑等方面的配套图纸来提供已有元素的信息，但是现场的勘察、参观与测量还是会有助于我们更直观地把握建筑空间的各种自然状况和制约条件，包括它们的尺寸（空间的大小、高度）、形状、结构与门窗洞口的状况、朝向、窗外的视野、相邻建筑物、树木等周围景观情况，还有当地气候日照采光、风向、供热、通风、空调系统及水电等服务设施状况。另外，建筑物本身的既有形式、风格等因素也不可忽视。若能够对现有空间进行拍照、录像记录，可避免日后对现场的再次核查。

（2）采访用户。

详细调查用户的使用要求，并对其进行分析和评价，明确工程性质、规模、使用特点、投资标准，以及对于设计的时间要求，这要求设计者与用户通过讨论方式进行交流，并提出建议，听取用户（包括终端用户）对这些建议的意见。对于功能性较强的复杂项目，可能还要听取众多相关人员（包括相似空间的使用者）的意见、建议，掌握各方面的事实数据标准。用户所能提供的信息有时很具体，有时也很抽象，设计人员应通过多种方式尽可能多地了解他们的要求和想法。有些用户常设想设计者能猜出他们的要求和期望而不给你足够的信息（也可能根本就没有想法或意见），怕限制设计者的创造性，而有些客户的预想往往在经济、技术等方面不切实际，作为设计者不可为了获得这一项目而轻率地、不负责任地予以承诺，因为到后来，这些隐患终将爆发而导致设计的失败。

（3）收集资料。

了解熟悉与项目设计有关的设计规范和标准，收集、分析相关的资料和信息，尤其功能性较强、性质较为特殊或我们过去不是很熟悉的空间，包括查阅同类型竣工工程的介绍和评论，所需材料、设备的数据等，以及对现有同类型工程实例进行参观和评价，这使我们在有限的时间内能够尽可能多地熟悉、掌握有关的信息，并能够获得灵感和启发。

1.2.3.2 方案设计阶段

1. 概念设计

方案设计阶段主要是利用图示语言表达对于各种功能、形式、经济等问题的解决方式，通过各种线条、符号来表示设计方案中对象和情景的表象。

（1）方案初步构思。

方案初步构思阶段是整个设计过程中至关重要的一环，也是一个较为复杂的过程。设计者利用思维能力、想象力、观察力和记忆力，综合解决设计要素间的矛盾关系，根据先前获得的资料数据，结合专业知识、经验，从中寻找灵感的片断，并创造性地搭配组合成新的关系。这一阶段，各种念头自由涌现，不受约束。基本使用功能、材料、技术、形式、人文知识、历史知识、哲学概念等多种因素在这里被综合分析和考虑，并基于实用性、美观性、经济性等原则被完美地加以平衡。徒手草图可以概括地表达构思要点，可大致确定室内功能分区、交通模式、空间形象（包括大小、形式、色彩、材质等因素）、空间分隔方式、洞口位置，以及家具、设备的布置等内容，确定大致结构工艺，是这一阶段中供设计者本人记录并用来判断方案好坏的重要手段（见图 1-2-3）。

这些最初的实验性设计概念经进一步的评估、否定、修改、发展，最后，只留下一种或几种可行的方案。

图 1-2-3 方案草图

（2）方案的拓展与修正。

对于粗略拟定的设计方案，为进一步深化发展以及与业主沟通，需进行恰当表达。表达手段包括利用正投影原理绘制的二维的平面图、立面图、剖面图、天花图，以及轴测图与虚拟的三维空间透视图，如能利用电脑动画、模型等手段来表达，效果会更佳，但同时花费也相对较大（见图 1-2-4）。作为图纸补充，还应提供材料、家具等样板（可以是实物、照片、使用实例），以及概算书和设计说明等文件，使用户了解其性能、造型、色彩、质地、价格等因素。期间，通过设计者与用户一起通过多次对话与讨论，不断地对方案进行修正和完善，直至最终定稿。

图 1-2-4　三维空间透视图

2. 施工图绘制

方案确定后，就可进入施工图阶段，以便向承包者、施工人员作进一步解释，供工程中涉及的其他专业人员交流参考，室内设计师与他们充分、密切的沟通与协作，是保证工作成功的重要手段。

施工图的制作必须严格遵循国家标准的制图规范，所作图纸除了包括平面图、天花图、立面图，还有放大比例的细部节点图、大样图（见图 1-2-5）。图纸不能完全表达的细部构造、技术细节还要用文字补充说明。通过正投影法制图，可准确再现空间界面尺度和比例关系，以及相关材料与做法。这一工作过去一直沿用绘图工具进行手绘的方法，现在由于计算机技术的巨大优越性已被其逐渐取代。

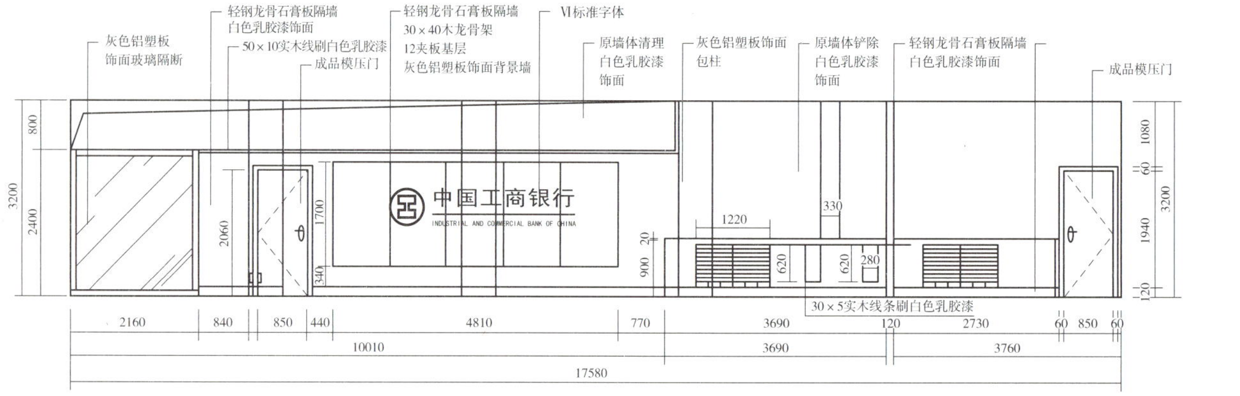

营业厅A立面图　1：60

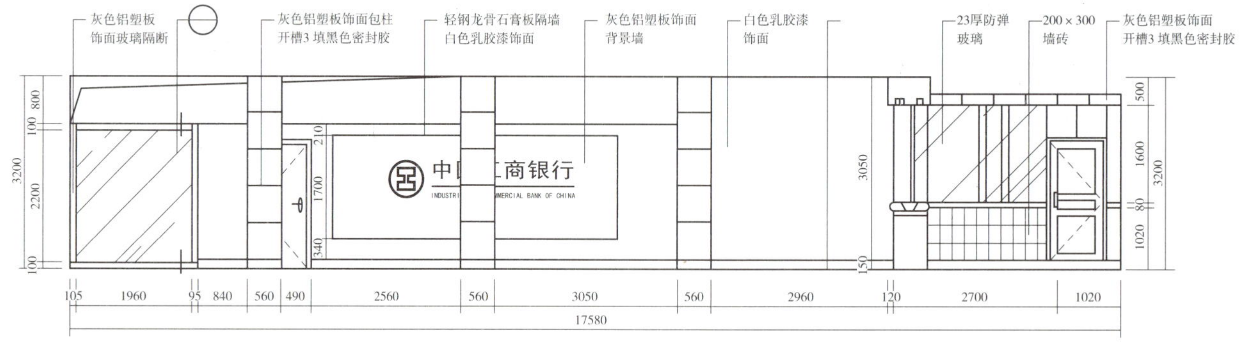

营业厅A′立面图　1：60

图 1-2-5（一）　施工图

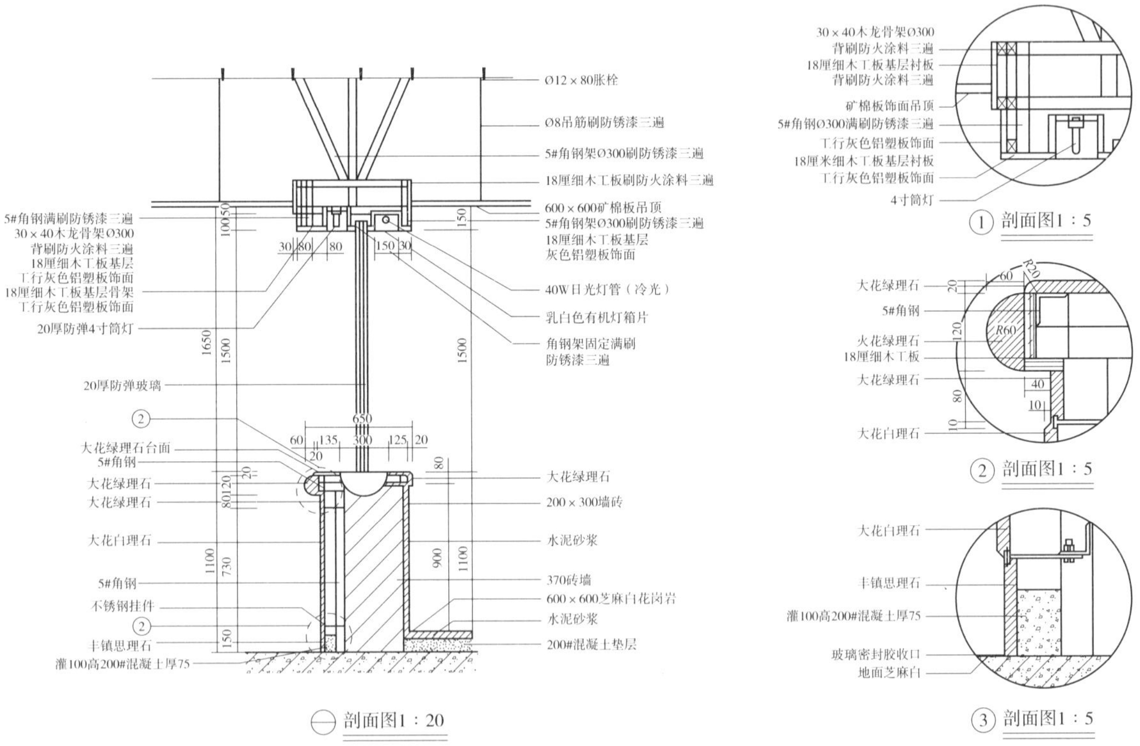

图 1-2-5（二） 施工图

与之配套还要有水、暖、电、空调、消防等设备管线图（这些工作往往由相关专业人员配合加以完成）。同时，还要提供给用户预算明细表以及各个项目完成的时间进度表。

1.2.3.3　设计方案实施阶段

施工前，设计单位有责任向施工单位解释图纸，进行图纸的技术交底。

施工中，挑选、购买材料以及家具、灯具等相应设备，还要作为用户代表，经常性地赴现场审查与技术和设计相关的细节，及时解决现场与设计发生的矛盾（有时还要根据现场情况修改、补充图纸），监督方案实施状况，保证施工质量。

施工后期，应协助家具、灯具等设备的调试、安装到位。施工任务结束后，还要会同建设单位和质检部门进行工程验收。

1.2.3.4　方案评估阶段

方案评估目前作为一个比较新的观念而正在逐渐受到重视。它是在工程交付使用后的合理时间由用户配合对工程通过问卷或口头表达等方式进行连续评估，其目的在于了解是否达到预期的设计意图，以及用户对该工程的满意程度，是针对工程进行的总结评价。

很多设计方面的问题是在使用后才能够得以发现，这一过程不仅有利于用户和工程本身，同时也利于设计师本身为未来的设计和施工增加、积累经验或改进工作方法。

课题1.3
室内空间设计风格、流派特征

● **学习目标**

了解室内空间设计风格的成因和影响；掌握室内空间设计的各风格和流派的特征。

● **学习任务**

（1）风格的成因和影响。

（2）室内空间设计的风格。

（3）室内空间设计的流派。

● **任务分析**

室内空间设计风格是建筑风格的延续，随着人们对装饰风格追求越来越强烈，更多的装修风格融入到室内空间设计中。通过对室内空间设计风格与流派的学习，了解风格与流派的形成与发展，便于学生掌握时尚流行的设计风格，对于分析这些风格对时下的风格产生哪些影响有重要意义。

风格即风度品格，体现创作中的艺术特色和个性；流派指学术、文艺方面的派别。

室内空间设计的风格和流派，属室内环境中的艺术造型和精神功能范畴。室内空间设计的风格和流派往往是和建筑以至家具的风格和流派紧密结合，有时也以相应时期的绘画、造型艺术，甚至文学、音乐等的风格和流派为其渊源和相互影响。例如建筑和室内空间设计中的“后现代主义”一词及其含义，最早是起用于西班牙的文学著作中，而“风格派”则是具有鲜明特色荷兰造型艺术的一个流派。可见，建筑艺术除了具有与物质材料、工程技术紧密联系的特征之外，也还和文学、音乐以及绘画、雕塑等门类艺术之间相互沟通。

1.3.1　风格的成因和影响

室内空间设计风格的形成，是不同的时代思潮和地区特点，通过创作构思和表现，逐渐发展成为具有代表性的室内空间设计形式。一种典型风格的形式，通常是和当地的人文因素和自然条件密切相关，又需有创作中的构思和造型的特点，从而形成风格的外在和内在因素。

风格虽然表现于形式，但风格具有艺术、文化、社会发展等深刻的内涵。从这一深层含义来说，风格又不停留或等同于形式。

需要着重指出的是，一种风格或流派一旦形成，它又能积极或消极地转而影响文化、艺术以及诸多的社会因素，并不仅仅局限于作为一种形式表现和视觉上的感受。

20 世纪 20 ~ 30 年代早期俄罗斯建筑理论家 M. 金兹伯格曾说过，“风格”这个词充满了模糊性……。我们经常把区分艺术的最精微细致的差别的那些特征称作风格，有时候我们又把整整一个大时代或者几个世纪的特点称作“风格”。当今对室内空间设计风格和流派的分类，还正在进一步研究和探讨。

1.3.2　室内空间设计的风格

1.3.2.1　传统风格

传统风格的室内空间设计是不同国家与地域在审美传统上的集中体现，主要体现在室内陈设与组织手法等方面。它吸取、采用了传统装饰语言中的“形”、“神”特征。

下面就介绍几种常见的传统风格。

（1）西方传统风格。

西方传统风格泛指模仿欧洲古典样式和风格，基本包括古罗马式、哥特式、文艺复兴式、巴洛克式、洛可可式、古典主义式等（见图 1-3-1）。

图 1-3-1　西方传统风格

（2）中国传统风格。

中国传统的木构架建筑室内的藻井天棚、斗拱、木梁等装饰构件以结构与装饰的双重作用成为室内艺术形象的一部分。室内设计风格受到木结构的限制，形成了一种以木质装修和油漆彩画为主要特征的华丽、祥和、宁静的独特风格。室内的家具、陈设艺术均作为一个整体来处理。室内除固定的隔断和隔扇外，还使用可移动的屏风、半开敞的罩、博古架等与家具相结合（见图 1-3-2）。

图 1-3-2　中国传统风格

（3）日本传统风格。

日本传统建筑受到中国建筑的强烈影响，日本的传统建筑风格为木结构的高基架，便于通风。室内空间造型简洁朴实，悬挂灯笼或木方格灯罩的灯具，室内以细木工障子做推拉门来分割空间。因为是席地而坐，所以没有太多家具陈设，只是在铺榻榻米的地面上放置矮茶几和做蒲团，夜间移开茶几即可用做睡床。装饰台、墙上装饰画和陈设插花均有定式，室内气氛淡雅、朴素、舒适（见图 1-3-3）。

（4）伊斯兰传统风格。

伊斯兰传统风格的建筑普遍使用拱券结构，拱券的样式富有装饰性，而且有多种样式的，如双圆心尖券、马蹄形券、火焰式券和花瓣形券等。室内使用石膏做大面积的浮雕、涂绘装饰，以深蓝、浅蓝两色为主。室内多用华丽的壁毯和地毯装饰。在室内使用大面积的图案装饰是伊斯兰建筑的第二个特征。伊斯兰风格的图案多为花卉样式为主，曲线匀整、结合几何图案，点缀《古兰经》中的经文，装饰图案以其形、色的纤丽为特征，以蔷薇、风信子、郁金香、菖蒲等植物为题材，具有艳丽、舒展、悠闲的效果（见图 1-3-4）。

图 1-3-3　日本传统风格

图 1-3-4　伊斯兰传统风格

1.3.2.2　现代风格

现代风格起源于包豪斯设计学院，该学院是德国的一所设计学院，建于 1919 年，鉴于当时的历史背景，该学院强调突破旧传统，创造新建筑，重视功能和空间的组织，一切皆以实用为装饰出发点，注意发挥结构本身的形式美，造型简洁，没有多余的装饰附件，崇尚合理的构成工艺，尊重材料的性能，研究材料自身的质地和色彩的配置效果，发展了非传统的以功能布局为依据的不对称的构图手法。室内设计作品带有着包豪斯建筑的朴实、无华、简洁、明快的清新风格（见图 1-3-5）。

图 1-3-5　现代风格

1.3.2.3　后现代风格

后现代主义用来描述现代主义内部发生的逆动，特别有一种现代主义纯理性的逆反心理，即为后现代风格。20 世纪 50 年代美国在所谓现代主义衰落的情况下，也逐渐形成后现代主义的文化思潮。后现代风格强调建筑及室内装潢应具有历史的延续性，但又不拘泥于传统的逻辑思维方式，探索创新造型手法，讲究人情味，常在室内设置夸张、变形的柱式和断裂的拱券，或把古典构件的抽象形式以新的手法组合在一起，即采用非传统的混合、叠加、错位、裂等手法和象征、隐喻等手段，以期创造一种融感性与理性、集传统与现代于一体的建筑形象与室内环境。在室内大胆运用图案装饰和色彩，在室内设置的家具、陈设艺术品往往被突出其象征隐喻意义，它是现代主义适应时代发展而进一步革新的潮流（见图 1–3–6）。

图 1-3-6　奥地利旅行社维也纳分店

1.3.2.4　新现代主义风格

新现代主义设计是对现代主义建筑理念与原则的继承与发展。新现代主义同现代主义有着血缘的关系。新现代主义设计摆脱了现代主义的局限，发展了现代主义的功能的原则。重视人的感情需要，重视文脉与传统，重视环境与生态保护，设计中积极运用新结构、新技术和新材料（见图 1–3–7 和图 1–3–8）。

图 1-3-7　室内空间效果图

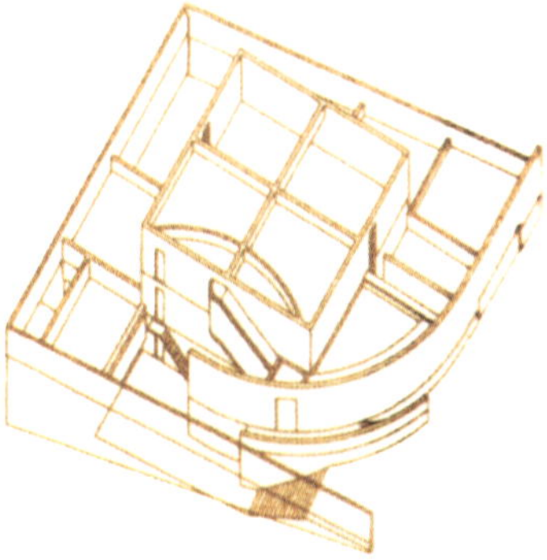

图 1-3-8　室内空间布局鸟瞰图

1.3.2.5　自然风格

自然风格倡导“回归自然”，美学上推崇自然、结合自然，才能在当今高科技、高节奏的社会生活中，使人们能取得生理和心理的平衡，因此室内多用木料、织物、石材等天然材料，显示材料的纹理，清新淡雅。自然风格可以赋予室内设计以自然的使命。在设计空间中，应用天然的木料，石材等进行装饰，以其自然的纹理和清新淡雅的气质而广受欢迎。在室内环境中力求在设计中表现优雅、舒适、自然的田园生活情趣。常运用天然木、石、藤、竹等材质质朴的纹理设置室内绿化，创造自然、简朴、高雅的生活氛围（见图 1–3–9）。

1.3.2.6　混合型风格

近年来，建筑设计和室内设计在总体上呈现多元化，兼容并蓄的状况。室内布置中也有既趋于现代实用，又吸取传统的特征，在装潢与陈设中融古今中西于一体，例如传统的屏风、摆设和茶几，配以现代风格的墙面及门窗装修、新型的沙发。欧式古典的琉璃灯具和壁面装饰，配以东方传统的家具和埃及的陈设、小品等。混合型风格虽然在设计中不拘一格，运用多种体例，但设计中仍然是匠心独具，深入推敲形体、色彩、材质等方面的总体构成与视觉效果（见图 1–3–10）。

图 1-3-9　自然风格

图 1-3-10　混合型风格

1.3.3 室内空间设计的流派

“流派”指按学术、艺术观点聚合的派别。室内设计的流派，这里是指室内设计的艺术派别。流派将带动潮流的发展，它如果能在历史的考验中积淀下来，就可能成为经典风格样式。近现代室内空间设计流派作为近现代文化、意识的反映，以其表现形式、表现手法的丰富多彩为基础，现将主要流派归纳为：高技派、光亮派、白色派、新洛可可派、超现实派、解构主义派以及装饰艺术派等。

1.3.3.1 高技派

高技派又称重技派，它以表现高科技成就与美学精神为依托，主张注重技术、展示现代科技之美，建立与高科技相应的设计美学观。由此，形成了所谓的“高科技风格”的设计流派。高技派的设计特征喜爱采用最新的材料（如高强钢、硬铝或铝合金等），并以暴露、夸张的手法塑造建筑结构的造型，有时将本应包容的内部结构有意识的裸露、外翻，有时将金属材料的质地表现得淋漓尽致，有时将复杂的结构涂覆鲜艳的原色用以表现和区别，赋予整体空间形象以轻盈、快速、灵活等特点，以表现高科技时代的“机械美”、“时代美”、“精确美”等新的美学精神（见图 1–3–11）。

1.3.3.2 光亮派

光亮派的特点是在室内空间设计中突出新型材料及现代加工工艺的精密细致及光亮效果，往往在室内大量采用镜面及平曲面玻璃、不锈钢、磨光的花岗石和大理石等作为装饰面。在室内环境的照明方面，突出灯光的艺术效果，常使用折射、折射等各类新型光源和灯具，在金属和镜面材料的烘托下，营造出光彩照人、绚丽夺目移步换景、交相辉映的空间环境，表现出丰富、夸张、富于戏剧性变化的室内气氛（见图 1–3–12）。

图 1-3-11 高技派

图 1-3-12 光亮派

1.3.3.3 白色派

白色派在室内设计中大量运用白色，构成了这种流派的基调。室内造型设计可简洁，也可富于变化。白色派以其造型简洁、色彩纯净、文雅的感觉，深受人们喜爱。由于白色给人以纯净、文雅的感觉，又能增加室内的亮度，使人增加乐观感或让人产生美的联想。在白色派的设计中，注重空间、光线的运用，强调白色在空间中的协调性以及精美陈设、现代艺术品的装饰组合，突出在白色空间中色彩的节奏变化和多样性的表现。白色不会限制人的思维，同时，又可调和、衬托或者对比鲜艳的色彩、装饰，使人增加乐观。与一些刺激的色相搭配时也能产生良好的节奏感（见图 1–3–13）。

图 1-3-13 白色派

1.3.3.4 超现实主义派

超现实主义派是指人们在室内设计中追求并体现超现实的艺术再现。通过调动所有的设计手段，力求在有限的设计空间中出创造出所谓的“无限空间”。创造出“世界上不存在的世界”。体现出设计师在现实与理想的矛盾冲突中，使虚幻空间的形式成为寄托自身困惑的载体。在超现实主义设计的室内空间中，注重奇特的造型、浓重的色彩和变幻莫测的灯光效果，突出其流动的线条以及抽象的装饰图案的艺术效果，更以其大胆、猎奇的艺术手法，创造出意想不到的空间效果（见图 1–3–14）。

图 1-3-14　超现实主义派

1.3.3.5　解构主义派

解构主义是西方现代主义流派的批判继承，运用西方哲学的理念来分析，它是对逻辑上的否定，对统一、秩序的挑战。解构主义凭其巨大的抨击力和启发性席卷西方文化界的各个领域。解构主义运用散乱、残缺、突变、动势、奇绝等各种手段创造室内空间形态，对传统功能与形式的对立统一关系转向两者叠加、交叉以并列，用分解和组合的形式表现时间的非延续性，以此迎合人们渴望新、奇、特等刺激的口味，同时满足人们日益高涨的对个性、自由的追求（见图 1–3–15）。

1.3.3.6　装饰艺术派

装饰艺术派善于运用多层次的几何线型及图案，重点装饰于建筑内外门窗线脚、檐口及建筑腰线、顶角线等部位。近年来一些宾馆和大型商场的室内，出于既具时代气息，又有建筑文化的内涵考虑，常在现代风格的基础上，在建筑细部饰以装饰艺术派的图案和纹样。上海早年建造的老锦江宾馆及和平饭店等建筑的内外装饰，均为装饰艺术派的手法（见图 1–3–16）。

图 1-3-15　解构主义派

图 1-3-16　上海和平饭店

课题1.4
现场勘察与测量

● **学习目标**

了解测量现场的准备工作；掌握测量现场的工作要点；培养学生现场测绘房屋原始数据、观察和记录场地情况的能力；掌握测量现场成果要求。

● **学习任务**

（1）测量现场的准备工作。

（2）测量现场的工作要点。

（3）提交现场测量成果要求。

● **任务分析**

现场测量时室内空间设计工作者的基本技能，是其后期设计成功的先决条件，在设计师与客户交谈沟通的过程中、设计方案的确定过程中都起到至关重要的作用。现场测量在设计师与客户初次的见面中奠定了重要的作用，是设计师顺利接单的主要因素之一。

1.4.1 测量现场的准备工作

1.4.1.1 核准现场是设计成功的先决条件

在承接室内空间设计项目时通常有两种情况：一是建筑框架墙体已基本完成，业主委托室内设计师介入设计工作；二是在建筑方案阶段建筑师或业主邀请室内设计师早期介入，一起对即将开展的建筑项目进行设计探讨。第二种情况往往对设计师构思创作的综合能力要求较高，一些具有预见性的建议会对建筑的结构应用以及设备协调有着非常重要的影响，能减少许多由建造环节不协调或不当所造成的无效成本，它是建筑设计组合的最佳创作方式，能创作出相对完美的空间及细节，值得推广。不管图纸深度进行到何种阶段，当建筑现场真正具备时第二种情况仍需认真核对现场尺寸，检查图纸尺寸与建筑现场的误差，及时修正与现场不符的设计。室内设计所实施的所有表面装饰工程的好坏都源于对建筑现有条件的了解和对隐蔽工程的合理处理上，所有图纸必须充分考虑各种光线梁柱的因素，选用合理的尺寸、工艺、材料进行包覆及终饰，才能避免纸上谈兵式的无谓劳动。核准现场对以后所有以核对现场图纸为基础派生出来的设计图纸有着重要的保证和可实施性，是整个设计过程中最重要的一环，不能掉以轻心，无疑它是设计的先决条件（见图 1-4-1）。

1.4.1.2 测量现场之前应与委托方进行初步沟通

测量现场之前应与委托方沟通初步的设计意向，取得详细的建筑图纸资料（包括建筑平面图、建筑构造图、已有的空调图、管道图、消防箱和喷淋分布图，上下水图，强弱电总箱位置等）。了解业主的初步意向及对空间、景观取向的修改期望，包括墙体的移动、卫生间位置的改变、建筑门窗的改变等，记录并在现场测量工作中检查是否可行。

图 1-4-1 核准现场

1.4.2 测量现场的工作要点

图 1-4-2 现场测量

接到设计任务后，首先要熟悉建筑图纸，了解空间建筑结构，只要有机会到现场，就必须第一时间进行现场的核准。难免现场尺寸及实际情况与建筑图纸有不符的地方，应认真复核，并做好详细记录，不可粗心大意，核准现场是设计成功的先决条件，也是避免反复改图及控制设计成本最有效的保证（见图 1-4-2）。

1.4.2.1 准备工作

（1）设计师须带本组其他成员一并到现场。

（2）有条件的话可预先准备好硬图板一板和支承图纸的活动支架。

（3）复印好 1 ∶ 100 或 1 ∶ 50 的建筑框架平面图 2 张，一张记录地面情况，一张记录天花情况（小空间可一张完成），并尽可能带上设备图（梁、管线、上下水图纸）。

（4）备带硬卷尺、皮拉尺、铅笔、红色笔、橡皮、涂改液、数码相机、电子尺等相关工具。

（5）穿着行动方便的运动服装或耐磨式服装，穿硬底或厚底鞋（因工地会有许多突发的因素，避免受伤）。

（6）进入现场必须戴工地安全帽。

1.4.2.2 测量顺序及要点

（1）放线以柱中、墙中为准，测量梁柱、梯台结构落差与建筑标高的实际情况，通常室内空间所得尺寸为净空。

（2）测量现场的各空间总长、总宽、墙柱跨度的长、宽尺寸，记录清楚现场尺寸与图纸的出入。记录现场间墙工程误差（如墙体不垂直，墙角不成 90° 等）。

（3）测量混凝土墙、柱的位置尺寸。

（4）测量空间的净空及梁底高度、实际标高、梁宽尺寸等（以水平线为基准来测，现场设有水平线则以预留地面批荡厚度的实际尺寸为准来测量）（见图 1-4-3）。

（5）标注门窗的实际尺寸、高度、开启方式、边框结构及固定处理结构，记录户外景观的情况。

（6）记录雨水管、排水管、排污管、洗手间下沉地、管井、消防栓、收缩缝的位置及大小，尺寸以管中为准，包覆的则以检修口外最大尺寸为准（见图 1-4-4）。

（7）地平面标高要记录现场实际情况并预计完成尺寸，地面、批荡完成的尺寸控制在 50 ~ 80mm 以下。

（8）现场水平线以下的完成面尺寸，水平线以上的天花实际标高。

图 1-4-3　测量空间高度

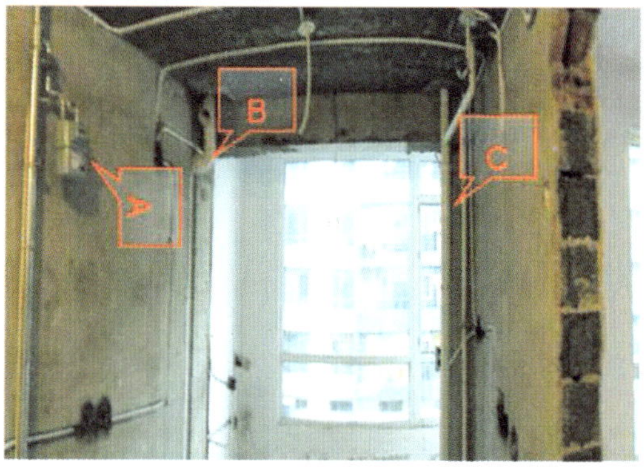

图 1-4-4　管道测量
A—煤气系统；B—排水系统；C—上水系统

（9）记录中庭结构情况，消防卷闸位置，消防前室的位置、机房、控制设备房的实际情况。

（10）结构复杂的地方测量要谨慎、精确，如水池要注意斜度、液面控制，中庭要收集各高螺旋梯的弧度、碰接位和楼梯转折位置的实际情况、采光棚的标高、光棚基座的结构标高等。

（11）复检外墙门窗的开启方式，落地情况。幕墙结构的间距，框架形式、玻璃间隔，幕墙防火隔断的实际做法，以及记录外景的方向、采光等情况，并在图纸上用文字描述采光、通风及景观情况。

（12）红色笔标出管道、管井具体位置，最有效的包覆尺寸用绿色笔标注尺寸、符号、尺寸线，红色笔描画出结构出入的部分，黑色笔、铅笔进行文字记录、标高。

1.4.3　提交现场测量成果要求

（1）要求完整清晰地标注各部位的情况。

（2）尺寸标注要符合制图原则，标注尽量整齐明晰，图例要符合规范。

（3）梁高 h=1850mm 或在附加立面标注相对标高。

（4）要有方向坐标指示，外景简约的字说明，尤其是大厅景观、卧室景观、卫生间景观。

（5）天花要有梁、设备的准确尺寸、标高、位置。

（6）图纸须由全部到场设计人员复核后签署，并请委托方随同工程部人员签署，证明测量图与现场无误。

（7）现场测量图应作为设计成果的重要组成部分（复印件）附加在完成图纸内，以备核对翻查。

（8）现场测量图原稿则应始终保留在项目文件夹中，以备查验，不得遗失或损毁。

（9）工地原始结构的变更亦应作上述测量图存档更新，并与原测量与对照使用。

（10）测量好的现场数据是以后设计扩初的重要依据，到场人员应以务实仔细的态度完成上述工作，并对该图纸真实确切地签名负责。

课题1.5
项目任务：一居室住宅空间设计

● **学习目标**

掌握住宅空间的设计方法及要点；熟练掌握徒手画创意草图的方法；能基本完成项目任务：一居室住宅空间设计。

● **学习任务**

（1）住宅空间设计。

（2）一居室住宅空间案例赏析。

（3）一居室住宅空间设计实训。

● **任务分析**

从讲解住宅空间设计到案例欣赏再到设计实训，是一个设计思路引导和设计项目实施的过程。教师引领学生围绕住宅空间设计的知识，训练住宅空间的设计技能，激发学生的学习兴趣和创造潜能，实现具有社会职业能力的教学效果。

1.5.1　设计要求与措施

1.5.1.1　使用功能布局合理

住宅的室内环境，由于空间的结构划分已经确定，在界面处理、家具设置、装饰布置之前，除了厨房和浴厕，由于有固定安装的管道和设施，它们的位置已经确定之外，其余房间的使用功能，或一个房间内功能地位的划分，需要以住宅内部使用的方便合理作为依据。

住宅的基本功能不外乎睡眠、休息、饮食、盥洗、家庭团聚、会客、视听、娱乐以及学习、工作等。这些功能相对地又有静—闹、私密—外向等不同特点。

1.5.1.2　风格造型统盘构思

构思、立意（Idea），可以说是室内设计的“灵魂”。室内设计统盘构思，是说打算把家庭的室内环境设计装饰成什么风格和造型特征，即所谓“意在笔先”。先有了一个总的设想，然后才着手地面、墙面、顶面怎样装饰，买什么样式的家具，什么样的灯具以及窗帘、床罩等室内织物和装饰小品（见图 1-5-1 和图 1-5-2）。

家庭和个人各有爱好，住宅内部空间组织和平面布局有条件的情况下，空间的局部或有视听设施的房间等处，在色彩、用材和装饰方面也可以有所变化。一些室内空间较为宽敞、面积较大的公寓、别墅则在风格造型的处理手法上，变化可能性更为多一些，余地也更大一些。

1.5.1.3　色彩、材质协调和谐

从整体构思出发，设计或选用室内地面、墙面和顶面等各个界面的色彩和材质，确定家具和室内纺织品的色彩和材质。

色彩是人们在室内环境中最为敏感的视觉感受，因此根据主体构思，确定住宅室内环境的主色调至为重要（见图 1-5-3）。

图 1-5-1　高雅恬静的室内居住环境

图 1-5-2　温馨的居室

住宅室内各界面以及家具、陈设等材质的选用，应考虑人们近距离长时间的视觉感受，以及肌肤接触等特点，材质不应有尖角或过分粗糙，也不应采用触摸后有毒或释放有害气体的材料。

色彩和材质、色彩和光照都具有极为紧密的内在联系。家具的造型款式、家具的色彩和材质都将与室内环境的使用性和艺术性休戚相关。例如小面积住宅中选用清水亚光的出木家具，辅以棉麻类面料，常使人们感到亲切淡雅（见图 1-5-4）。

图 1-5-3　以明亮的黄色为主色调室内环境

图 1-5-4　亲切淡雅的木家具辅以织物面料

色彩的选择，与室内设计的风格定位有关，例如室内为中式传统风格，通常可用红木、椐木或仿红木类家具，色彩为酱黑、棕色或麻黄色（黄花梨木），壁面常为白色粉墙，室内环境即家具与墙面的明度高对比布局。

1.5.1.4　突出重点，利用空间

住宅的室内尽管空间不大，但从功能合理，使用方便，视觉愉悦以及节省投资等几方面综合考虑，仍然需要突出装饰和投资的重点。近入口的门斗、门厅或走道尽管面积不大，但常给人们留下第一印象，也是回家后首先接触的室内，宜适当从视角和选材方面予以细致设计。起居室是家庭团聚、会客等使用最为频繁、内外接触较多的房间，也是家庭活动的中心，室内地面、墙面、顶面各界面的色彩和选材，均应重点推敲进行设计。

从现代家庭的实际使用效果来衡量，资金的投入应重点保证厨房和浴厕的设施，以及易于清洁和防潮的面层材料。排油烟机、热水器等是防污和卫生所必需的设施。在有限的资金投入中，厨房、厕浴间的设施应予保证，这将有效地提高居住的生活质量。

由于住宅一般面积较小，布局紧凑，因此在门厅、厨房、走道以至部分居室靠墙处可以适当设置吊柜、壁橱等以充分利用空间，在必要时某些家具也可兼用或折叠，如沙发床、白天可翻起的床、翻板柜面的餐桌等（见图 1-5-5 和图 1-5-6）。

图 1-5-5　床下设置放衣物的抽斗以充分利用空间

图 1-5-6　卧室设吊柜

一些面积较宽敞，居室层高也较高的公寓或别墅类住宅建筑的室内，其重点部位仍应是起居室、门厅、厨房、浴厕间等。各个界面的设计，由于空间较大，层高较高，在造型、线脚、用材等方面，根据不同风格的要求，可以比面积紧凑住宅的处理手法丰富而富有变化，如部分交通联系面积可适当选用硬质地砖类材料，墙面可以设置木墙裙（即护壁），起居室、餐厅等的顶棚也可设置线角或灯槽，卧室墙面可作织物软包等。

住宅室内装饰材料的选用，应按无污染、不散发有害物质的“绿色”装饰材料来要求，装饰材料应通过国家检测标准，并应争取通过国际质量检测标准（ISO）认证。

1.5.2　住宅空间各部分装饰设计

1.5.2.1　起居室

起居室是家人团聚、起居、休息、会客、娱乐、视听活动等多种功能的居室，根据家庭的面积标准，有时兼用餐、工作、学习的功能，甚至局部设置兼具坐卧功能的家具等，因此起居室是居住建筑中使用活动最为集中、使用频率最高的核心室内空间，在住宅室内造型风格、环境氛围方面也常起到主导的作用（见图 1-5-7）。

图 1-5-7　起居室

起居室平面的功能布局，基本上可以分为：一组配置茶几和低位座椅或沙发组成的谈话、会客、视听和休闲活动区；其次即为联系入口和各类房间之间的交通面积，应尽可能使视听、休闲活动区不被穿通。为使布局紧凑、疏密有致，通常沿墙一侧可设置低柜或多功能组合柜，再适当配置室内绿化和壁饰、摆件等陈设小品。标准较高的起居室可配置成套室内家具，其设置的位置也有较大余地。

起居室家具的配置和选用，在住宅室内氛围的烘托起到极为重要的作用，家具从整体出发应与住宅室内风格协调统一（见图 1-5-8 ~ 图 1-5-10）。

起居室内除必要的家具之外，还可根据室内空间的特点和整体布局安排，适当设置陈设、摆件、壁饰等小品，室内盆栽或案头绿化常会给居室的室内人工环境带来生机和自然气息（见图 1-5-11）。

1.5.2.2　餐厅

餐厅的位置应靠近厨房，餐厅可以是单独的房间，也可从起居室中以轻质隔断或家具分割成相对独立的用餐空间，家庭餐厅宜营造亲切、淡雅的家庭用餐氛围，餐厅中除设置就餐桌椅外，还可设置餐具橱柜。另外，所谓“厨餐合一”，即不必单独设置餐厅，当周末节日用餐或亲友来客用餐时，仍可于起居室中设置桌椅用餐（见图 1-5-12、图 1-5-13）。

图 1-5-8　起居室呈“Π”形的皮质沙发会客区布置

图 1-5-9　起居室配置一两件手工编制的藤制家具

图 1-5-10　设置钢管休闲椅的起居室室内环境

图 1-5-11　室内绿化与壁饰设置使起居室具有文化气息

图 1-5-12　与起居室隔开的相对独立的用餐空间

图 1-5-13　厨餐合一

1.5.2.3　卧室

卧室是住宅居室中最具有私密性的房间，卧室应位于住宅平面布局的尽端，以不被穿通；即使在一室户的多功能居室中，床位仍应尽可能布置于房间的尽端或一角。

住宅中若有两个或两个以上卧室时，通常一间为主卧室，其余为老人或儿童卧室，主卧室设置双人床、床头柜、衣橱、休息座椅等必备家具，按照卧室平面面积的大小和房主使用要求，可设置梳妆台、工作台等家具（见图 1-5-14 和图 1-5-15）。

图 1-5-14　总平面图中卧室布置示例

图 1-5-15　主卧室示例

卧室各界面的用材，地面以木地板为宜，墙面可用乳胶漆、墙纸或部分用软包装饰，以烘托恬静、温馨的氛围，平顶宜简捷或设少量线脚，卧室的色彩仍宜淡雅，但色彩的明度可稍低于起居室，同时卧室中床罩、窗帘、桌布、靠垫等室内软装饰的色彩、材质、花饰也将对卧室氛围的营造起很大作用（见图 1-5-16）。

图 1-5-16　卧室界面处理

1.5.2.4　厨房

厨房在住宅的家庭生活中具有非常突出的重要作用，操持者一日三餐的洗切、烹饪、备餐以及用餐后的洗涤餐具与整理等，厨房是家庭中的"热加工车间"。

因此，现代住宅室内设计应为厨房创造一个洁净明亮、操作方便、通风良好氛围，在视觉上也应给人以井井有条、愉悦明快的感受，厨房应有对外开窗的直接采光与通风（见图 1-5-17）。

厨房内的基本设施有：洗涤盆、操作台（切菜、配制）、灶具（煤灶、液化气或煤气灶具、电灶）、微波炉、排油烟机、电冰箱、储物柜等（见图 1-5-18）。

图 1-5-17　洁净明亮的厨房

图 1-5-18　厨房便捷的操作

厨房的各个界面应考虑防水和易清洗，通常地面可采用陶瓷类地砖，墙面用防水涂料或面砖，平顶以白面防水涂料即可；厨房的照明应注意灯具的防潮处理，烧煮处在排油烟机处可设置灶台的局部照明（见图 1-5-19）。

图 1-5-19　厨房的照明系统

1.5.2.5　浴厕间

浴厕间是家庭中处理个人卫生的空间，它与卧室的位置应靠近，且同样具有较高的私密性。小面积住宅中常把浴厕盥洗置于一室。面积标准较高的住宅，为使有人洗澡时，使用厕所不受影响，因此也可采用浴厕间单独分隔开的布局。多室户或别墅类住宅，常设置两个或两个以上的浴厕间。浴厕间的室内环境应整洁，平面布置紧凑合理，设备与各管道的连接可靠，便于检修（见图 1-5-20）。

浴厕间中各界面材质应具有较好的防水性能，且易于清洁，地面防滑极为重要，常选用的地面材料为陶瓷类防滑地砖，墙面为防水涂料或瓷质墙面砖，吊顶除需有防水性能，还需考虑便于对管道的检修，如设活络顶格硬质塑胶板或铝合金板等。为使浴厕间臭气不入居室，宜设置排气扇，使浴厕间室内形成负压，气流由居室流入浴厕间（见图 1-5-21）。

图 1-5-20　浴厕间（一）

图 1-5-21　浴厕间（二）

1.5.2.6　书房

书房是学习和工作的地方。书房的家具主要是书柜（书架）、写字台和电脑桌，有时也设置沙发等。书房空间环境的营造宜体现文化感和宁静感，形式上讲究简介、质朴、自然、和谐的风格。

书房的家具布置可根据房间情况，书柜和写字台可平行陈设，也可垂直摆放。书房的墙面、顶面色调应选用典雅、明净、柔和的浅色，墙面用材宜用壁纸、板材等吸声较好的材料，以取得宁静的效果。地面应选用木地板或地毯等材料。

书房的陈设品要求简洁而有品位，书柜中或墙面上可适当布置少量表现个人喜好和风格的艺术作品。此外，书房中也应摆放少量清新雅致的绿色植物，既丰富色彩，又调节了空气（见图 1-5-22）。

图 1-5-22　书房

1.5.2.7　儿童房

考虑孩子的成长，创造可弹性利用的空间。安全性设计具有重要地位，同时还要留一定空间供孩子玩耍。在条件允许的情况下，保留一片空白墙供孩子画图使用，或设置一块大面板。避免呆板、僵硬的设计，活泼有创意的设计有助于培养儿童乐观向上的性格。儿童房的设计可以多姿多彩，但有以下几个原则。

（1）共同参与规划。由于每个小孩的个性、喜好有所不同，因此，对房间的摆设要求也会各有差异，父母亲不妨与孩子多聊聊，了解其喜好与需求，并让孩子共同参与设计、布置自己的房间。

（2）充足的照明。合适且充足的照明，能让房间温暖、有安全感，有助于消除孩童独处的恐惧感。

（3）柔软、自然的素材。由于儿童的活动力强，所以在儿童房空间的选材上，宜以柔软、自然素材为佳，如地毯、原木、壁布或塑料等。这些耐用、容易修复、非高价的材料，可营造舒适的睡卧环境，也令家长没有安全上的忧虑。

（4）明亮、活泼的色调。儿童房的居室或家具色调，最好以明亮、轻松、愉悦为选择方向，色泽上不妨多点对比色。

（5）可随时重新摆设。设计巧妙的儿童房，应该考虑到孩子们可随时重新调整摆设，空间属性应是多功能且具多变性的。家具不妨选择易移动、组合性高的，方便他们随时重新调整空间，家具的颜色、图案或小摆设的变化，则有助于增加孩子想象的空间。

（6）安全性。安全性是儿童房设计时需考虑的重点之一。由于小朋友正处于活泼好动、好奇心强的阶段，容易发生意外，在设计时，需处处费心，如在窗户设护栏、家具尽量避免棱角的出现、采用圆弧收边等。材料也应采用无毒的安全建材为佳。家具、建材应挑选耐用的、承受破坏力强的、使用安全性高的（见图1-5-23）。

图1-5-23　儿童房

1.5.3　一居室住宅空间案例赏析

项目名称：桥苑世家

项目面积：37m²

项目地点：重庆

设计公司：焦艳丰设计公司

主要材料：科勒洁具、法国木纹大理石、镜片

本案展现的是独特的小空间大设计。37m²的空间采用了平面大师蒙特列安自由曲线落体的设计理念，设计师从家具开始着手，将空间定位为现代风格，整个空间从顶棚到墙面均呈曲线形态，给人柔和飘逸的感觉。

本案空间运用最多的材料便是镜片，以此满足业主的生活需求，同时也有放大空间的效果。在空间的布局上采用完全开敞的设计，同时，为了满足业主对睡眠的高质量要求，特别选用有助睡眠的高品质圆床，在小空间里也不显突兀，反倒更协调地与空间整体风格融合在一起。另外值得一提的是餐厅的设计，餐厅装饰选用了树干、树叶等自然元素，在原本的现代时尚空间中平添一笔亮色，让空间更具有活力。方案设计图具体如图 1-5-24 ~ 图 1-5-33 所示。

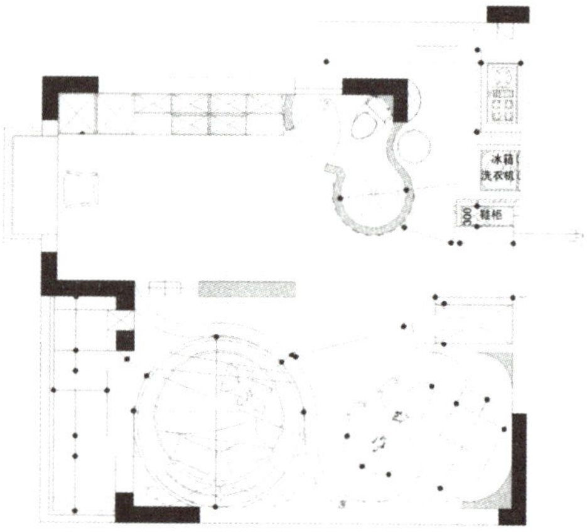

图 1-5-24 平面图

图 1-5-25 效果图（一）

图 1-5-26 效果图（二）

图 1-5-27 效果图（三）

图 1-5-28 效果图（四）

图 1-5-29 效果图（五）

图 1-5-30 效果图（六）

图 1-5-31　效果图（七）

图 1-5-32　效果图（八）

图 1-5-33　效果图（九）

实训一　室内空间设计调研综合实训

1. 实训目的

通过对不同建筑空间或室内设计企业进行实地参观和调研，使学生了解室内空间设计的发展历程，熟悉室内空间设计的概念和作用、内涵、程序，熟悉室内空间设计的工作思路与工作方法。进一步加深对室内空间设计的理解，树立正确的装饰设计观。

2. 实训方式

现场参观，调研观摩，完成调研报告。

3. 实训地点

当地有代表性的古典、现代建筑实例，室内设计企业（实训基地）。

4. 实训内容

（1）参观古典建筑或仿古建筑实例。

（2）现场参观公共建筑类、居住类等不同类别的装饰设计实例，可选择有代表性的典型建筑空间。进一步增加对装饰设计的认识和理解。

（3）到室内设计部门进行调研，咨询相关设计师的设计思路、设计理念、设计方法。

5. 实训指导

（1）讲解古典建筑装饰设计特点，使学生进一步了解建筑装饰设计发展历程，理解不同历史时期、不同建筑装饰设计特色、风格。

（2）结合各类建筑空间讲解装饰设计与功能的关系（使用功能、精神功能、技术功能等），分析不同类型装饰设计的特点。通过实例增加对装饰设计的涵义、内容、功能等方面的认识。

（3）配合室内设计部门设计师共同探讨设计思路、设计理念、设计方法，引导学生树立正确的设计观。

6. 实训要求

（1）针对所调研的内容，完成《空间认识》调研报告，主要陈述对室内空间设计功能特点的理解、装饰设计的程序和方法步骤。阐述对装饰设计的见解和个人观点，不少于 2000 字。

（2）《空间印象》草图绘制，针对参观调研的内容，凭借自己的印象绘制一幅简单的透视草图，表达对象不限，单色、彩绘均可，并书写简单的文字说明。

（3）时间为课内 2 学时 + 课外时间。

实训二　一居室住宅空间实训

命题原因：人类的成长发展，是和周围的环境紧密联系存起的，居住空间和人类的日常生活息息相关，也是体现特定地域文化传承的最好场所。住宅空间设计在建筑设计大领域里占据着重要的地位，尤其是各类公寓式住宅空间，是建筑设计师最常见的设计项目。通过设计项目训练培养设计师的调研、方案设计、交流、表现等方面的综合能力是本课程的一个重点。

1. 任务目标

通过住宅空间装饰设计，了解设计师的工作流程、工作规范；掌握住宅空间的装饰风格；掌握空间的组织与利用的方法；掌握设计草图、设计方案形成的程序与方法；掌握图解思维创新拓展方法。

2. 设计条件

（1）空间：虚拟或实体一居室住宅平面图 1 份（见图 1-5-34）。也可以根据实际情况采用类似空间，先进行实地考察。考察时注意建筑周围的环境与内部的详细尺寸、结构、水电设施、采光通风等条件，并分析其利弊。

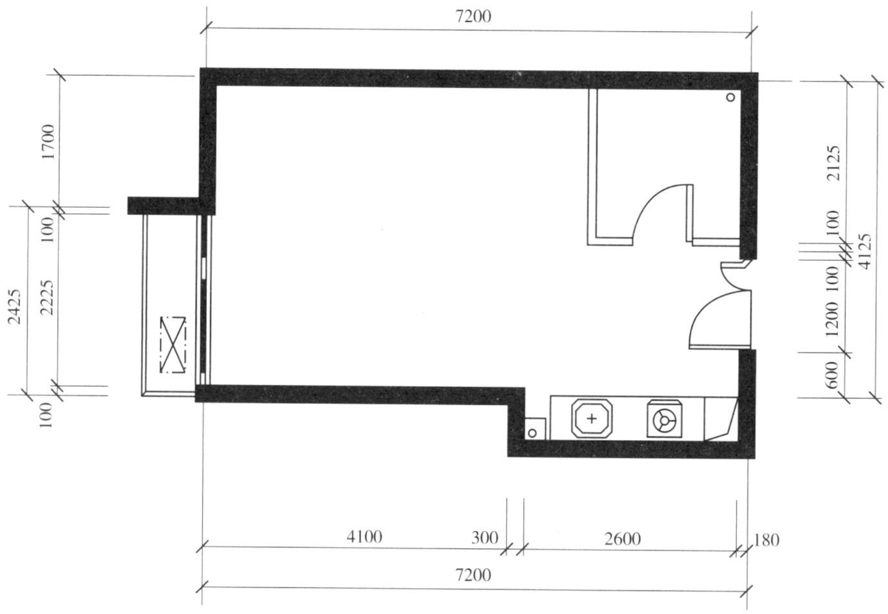

图 1-5-34　一居室建筑平面图

（2）使用者可以假设一位有特定年龄、身份、喜好的业主，并对他（她）的要求作详细分析。

（3）造价：总造价（包括所有内部设施、材料、人工等）约 10 万元，根据有限造价了解材料市场，选择恰当的装饰材料。

3. 设计要求

（1）实施方式。

学生 4 人一组，相互协作、交流、评价、学习，小组成员各自独立完成完整的设计内容。

（2）完成内容。

1）文件。

文件内容：编制工作计划与课外学习计划、编制客户需求调查表、编写装饰材料调查表。

文件型号：A4 纸竖版。

文件格式：自行设计。

2）资料。

资料内容：临摹一居室设计方案施工图及效果图若干、收集设计资料（室内可能包含的内含物图片或手绘图、制图标准等）。

资料形式：书籍、图片、电子文件、速写本等。

3）图纸。

图纸内容：设计草图、设计方案图、设计手册（包括功能平面图、铺地平面图、顶棚图、立面图、透视效果图、设计说明、封面、封底）。

图纸型号：A3 制图纸。

表现方式：手绘、电脑制作或模型不限。

（3）完成时间。

约 6 课时。

4. 评价要点

注重设计过程与设计成果中学生综合能力的评价；注重自评、互评、教师评、客户评（虚拟）；注重功能的合理性、图纸的规范性、构思的创意性、表现的艺术性等方面的全面评价。

模块 2 单元式办公空间设计

课题2.1
人体工程学、环境行为与室内空间设计的关系

● **学习目标**

掌握人体工程学的含义、内容及应用；了解在空间设计中家具及各种设施的尺寸；了解在室内空间设计时，色彩、造型、材质涉及到人体生理感受、心理感受，其中最重要的是心理感受。根据人的需求、行为规律、活动特点、心理反应和变化等进行空间的构思，设计创造出人性的空间，以满足人的各方面需要。

● **学习任务**

（1）人体工程学与室内空间设计及应用。

（2）行为心理学与室内空间设计的关系。

（3）环境心理学与室内空间设计的关系。

● **任务分析**

人体工程学包含了室内空间设计的含义、内容及应用，是室内空间设计的基础内容。这些基础性内容为后续内容的研究及实训环节的完成提供了坚实的理论依据。

2.1.1 人体工程学与室内空间设计及应用

社会的发展、技术的进步、产品的更新、生活节奏的加快等一系列的社会与物质因素，使人们在享受物质生活的同时，更加注重各种产品及设计在“方便”、“舒适”、“价值”、“安全”和“效率”等方面的问题，这些都与人体工程学息息相关。

人体工程学（Human Engineering）是研究人、机械及其工作环境之间相互作用的学科，人体工程学又叫人机工程学或人机工效学，是第二次世界大战后发展起来的一门新兴学科。但它的兴起并不是偶然的。实际上自从有了人类和与之同时诞生的人类文明，人们就一直在不断地改进自己的生活质量和生活效能。即使是在遥远的上古时代，从那些尘封已久的文物中，依然能感受到它的存在。例如：旧石器时代制造的石器多为粗糙的打制石器，造型也多为自然的，经常对人的肢体造成伤害，棱角分明，不太适于人的使用；而新石器时代的石器多为磨制石器，表面柔和光滑，造型也更适于人的使用，人类学会了选择石块打制成石刀、石矛、石箭等各种工具，从而产生了原始的人机关系。

近些年来，人体工程学在各行各业中能够迅速地发展起来，这正说明了，我们已经意识到人机在我们的日常生活、工作、学习中的重要性，也更加体现出它与我们的日常生活、工作、活动有着重要的、密不可分的关系。

现代社会的迅速发展使人们的思维方式发生了巨大的变化，人们在生活中物质需求的高度愈来愈高。室内环境的布局同各种家具以及产品的设计不仅要求合用、方便，而且在用的过程中要求得到感官的舒适和醒目。现代设计特别强调与人机相结合，各种设计中的尺度、造型、色彩及其布置方式都必须符合人体生理、心理尺度及人体各部分的活动规律，以便

达到安全、实用、方便、舒适、美观之目的。人体工程学重视“以人为本”，讲求一切为人服务，从人的自身出发，这就需要设计师在创新的理念必须从人体工程学的原理出发。而对于室内空间设计而言，人体工程学在其中也起了重要的作用，人体工程学在室内空间设计中主要有以下几个方面的作用。

2.1.1.1 尺寸

对于室内空间设计而言，室内中各物体的大小、空间尺寸是十分重要的。只有先确定空间中各部分尺寸的大小才能正确的设计室内空间中家具、设施的大小。而在设计空间中家具及各种设施的尺寸时，人体测量数据起着至关重要的作用（见图 2-1-1、图 2-1-2）。在家具设计时，设计师首先应了解人体的各部分尺寸，根据人体各部分尺寸的测量数据进行设计，这样设计出来的室内空间，人在使用时才能感觉舒适。例如，现在城市中许多大型的豪华沙发，虽然看上去非常美观大气，一坐上去也感觉柔软舒适，致使许多用户都非常喜欢，并纷纷购买。但在使用时，就会遇到许多问题。

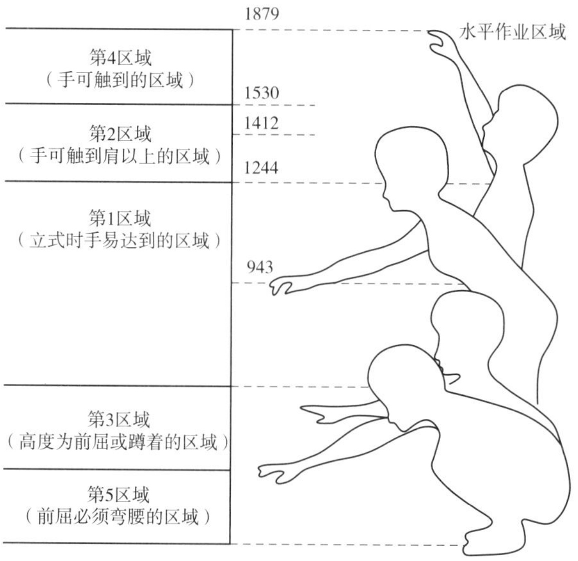

图 2-1-1 水平作业

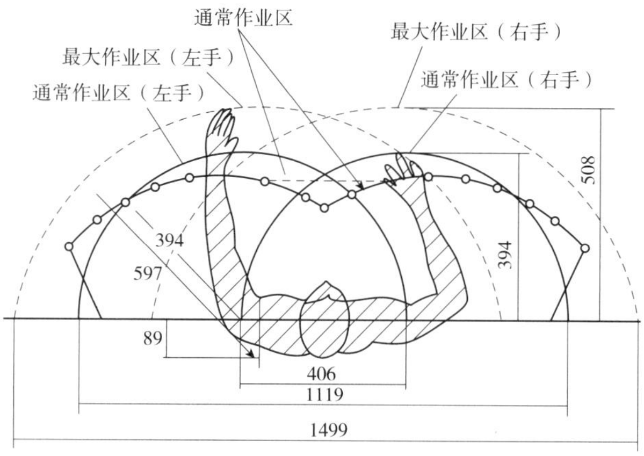

图 2-1-2 垂直作业

（1）家具尺寸过大，而室内空间尺寸过小，家具摆放在空间中，虽很大气但与整个空间并不协调。

（2）家具在使用过程中发现长时间坐在上面，并不舒服。

以上的两个问题都是由于使用者对人体尺寸不了解而造成的。第一个问题，是购买者只注重了物体的美观，并没有注意到家具与室内空间的关系，小空间不应使用大家具。第二个问题是设计师在设计时没有注意沙发各部分尺寸与人体测量数据之间的关系，以至于只注重家具的外观，而没有注重家具的尺寸，所设计的家具的座位过深。

2.1.1.2 色彩、造型、材质

在室内空间设计时，色彩、造型、材质也是一个非常重要的问题，这些都涉及人体生理感受、心理感受，其中最重要的是心理感受。例如，色彩的不同，家具、设施造型及所用的材质不同，都能给人以不同的心理感受。在室内空间设计时，这些都必须符合人体心理、生理尺度，以达到安全、实用、舒适、美观之目的。如老年人房间的家具造型端庄、典雅、色彩深沉、图案丰富、应注意房间保暖等；青年人房间的家具造型简洁、轻盈、色彩明快、装饰美观等；小孩房间的家具色彩跳跃、造型小巧圆润、家具不应有棱角、尽量给小孩留出活动空间等。室内空间中造型设计、材料的选用及搭配、装饰纹样、色彩图案等则更多地考虑了人的心理需要。材质的软硬、色彩的冷暖、装饰的繁简等都会引起人们强烈的心理反应（见图 2-1-3、图 2-1-4）。

2.1.1.3 活动空间

在室内空间设计中，人体的活动空间受到了一定的限制，人体的活动空间除了在人体生理方面必须具备的空间外，还有人体在心理上必须具备的空间。人体生理上必须具备的空间，是保证人体活动的必须空间。比如在卧室中就必须在床的

两侧各留有一定的空间，以方便用户上下床及整理床铺，并且必须根据室内空间的大小，留出用户进出室内及在室内活动的必须空间。

图 2-1-3　俄罗斯 Google 办公室（暖调）

图 2-1-4　俄罗斯 Google 办公室（冷调）

而对于人体在心理上应具备的空间，是人在室内空间中相处时，感觉是否舒服的必要空间。如现代的高层建筑中，有些室内空间，人相处在其中感觉很舒服，但是有些空间就会给人特别压抑的感觉。在大家来看，我们一般就会解释为层高太低，其实就是没有给人留有足够的心理活动空间。

2.1.1.4　人体动作域

人们在室内各种工作和生活活动范围的大小，即为动作域，它是确定室内空间尺度的重要依据因素之一。

在室内空间设计中，人体动作域的应用也是十分广泛的，它可以用于确定空间中各种工作台面的大小、高低；各种贮存家具的放置及安装位置；各种控制装置的安装位置等。再有，在各种空间中控制装置的安装位置，如开关、拉手、扶手的高度，都与人体的动作域有关。

除此之外，在室内设计中，还有许多与人机有关的内容，如客厅中电视的摆放位置和高度等，这些都必须在人机的基础上进行设计，只有符合人机的设计才是合理的设计。

人体工程学的特点就是在认真研究人、机、环境三个要素本身特性的基础上，将使用“物”的人和设计的“物”以及人与“物”所共处的环境作为一个系统来研究。在这个系统中，人、机、环境三个要素之间相互作用、相互依存的关系决定着系统总体的性能，人体工程学是科学地利用三个要素间的有机联系，来寻求系统的最佳参数。

2.1.2　行为心理学与室内空间设计

2.1.2.1　人的生活与空间

人们每天都要展开和进行自身的各种行为：早上起来洗漱、梳妆、早餐、上班、上学，有开车的、骑自行车的、走路的。似乎每个人行为活动各不相同，无规律可言，然而仔细分析和认真观察，就会发现其中有一定的倾向性和规律性。其中有每天都按常规活动的人，也有每天活动都完全不同的人，更多的人是平日活动有规律，到节假日随意安排活动。就人的个体来说，人的行为没有一个规定性，每个人可以有自己的行为特征，而对于一个人群而言，一个共同的意愿或共同的行为，则可能产生共性和规律。我们可以在一些公共场所，如车站、商店、广场等空间场合发现这些行为的规律和特征。空间设计合理可以使人们的行为与活动变得顺畅和有序。反之，则会影响和妨碍人们的正常活动。由于在空间规划和设计时缺少对人的行为的预先考虑和估计，造成了人行为和活动的不便。

2.1.2.2　人的行为与空间的设计

空间是服务于人的。建筑空间为人的活动提供了必要的环境和场所，没有特定的环境与场所，人的许多行为也就不会发生，同时，人的行为也影响着空间的设计。

过去，许多建筑师过多地强调建筑对于人的作用，形成“建筑决定论”。要求人们按照建筑师的设计意图去使用和感受环境。但是他们忽视了人是行为的主体，只有人才是活动和行为产生的真正动因。空间与行为是相辅相成的，没有人的空间没有任何意义。反之，若没有空间和环境作为依靠，人的行为也就不会发生。因此，了解和研究人与环境、空间与行为、心理的关系，研究人的特定行为需要什么样的特定空间环境，空间环境究竟会对人的行为和心理产生什么样的影响是一个设计师必需的工作。只有了解和掌握了这方面的知识，才可能有依据，创造符合人的行为特征和心理特点的空间环境。空间的组织和设计实际上是充当行为导演的工作，我们要有意识地运用行为和心理的因素，根据人的需求、行为规律、活动特点、心理反应和变化等进行空间的构思，设计创造出人性的空间，以满足人的各方面需要。

2.1.2.3 基于人的行为模式设计空间

如今的社会状况发生了巨大的变化，作为一个设计师必须了解和熟悉这些变化、发展的新情况。如何面对这些变化和洞悉未来可能发生的变化呢？这需要我们追溯到本源，即对人的行为模式有一定地了解。行为学的研究表明人的行为模式有三种：一是必要性行为，指带有功利性的，有直接目标的行为；二是自主性行为，指自发的、随机选择的行为，有相当的随意性；三是社会性行为。一般由他人或他人之间引发而产生。无论是哪一种行为模式都可能会与空间环境产生一定的关系，可以起到诱发人的活动动机的作用。同样。也可以起到制约人的活动的作用。人的行为与空间有联系，人的心理与空间环境更加密切相关，人在不同环境中的心理反应，无论是一般心理反应（共性）或是特殊心理反应（个性），都是我们组织和设计空间时的一方面依据。人对空间环境的一些基础性的心理需求，如开敞感、封闭感、舒适感、可识别性等是比较容易理解的。也是我们在设计之初能够预见到的，除此之外，还有以下几点是我们在设计空间时必须认真考虑的。

（1）领域意识与人际距离。

动物出于生存的需要，有强烈的领地占有的本能，而人也同样有这种领域的本能和意识。人的周围好像有一个“气泡”。在公园里，当一个人在长椅的中间坐着，如果不是周围没有可坐的位子的情况下。陌生人一般是不会在你的边上去坐。海滩上，当你支着一把伞或铺着一块毯子，人们也不会随意进入这个范围，因为这是领域的标识。在候车室里，互不相识的人总是先选择相间隔的位子坐。只有在没有其他选择的情况下，后来的人才会去填补空缺的座位。这些现象都是领域意识作用于人们行为的表现。在社区中人与人的接触距离可以控制人们的交际圈。由于人不同的活动类型、接触的对象不同、所处的环境不同而表现出差异。社区广场的大小、尺度，休息座椅的布置方式等必须要考虑领域性和人际距离因素。

（2）安全性和依靠感。

人出于防卫的本能而要求保证自己的安全范围或领域，会尽量隐蔽自己而面向公众，从而让自己处于一个安全的位置，这是带有潜意识的行为，这也许是所有动物具有的利于防卫和攻击的一种本能。例如，在悬挑过长的雨篷下，人们不愿意长时间停留，尽管知道它并不会垮下来。有时空间过大，会使人产生恐惧感，宁可选择小空间以满足安全的心理。在公园、广场中，我们经常可以发现人们喜欢在靠树、台阶、围墙等背后有依靠物的地方就座，广场的中间或四周开敞的位置往往会空着。人有时愿意去观察和注意别人，而被公众注视则会感到不安。在许多公共的空间里，可以发现空间中人的分布并不是平均的，往往是边角、墙边、廊、绿地等滞留的会较多，这些都体现了人们对于依靠感的需求。研究和掌握人的这些行为和心理特征，有助于在空间设计中考虑人流的运动。

（3）私密性与尽端趋向。

除了上述的安全性外，人还有保证自己个人私密的需要，保证自己或小团体的私密要求，这是更高的心理需求。在各种空间场合里。人会有各种不同的私密要求，从视听方面保持隐密性，不希望别人去了解他们。在家庭里，客厅是公共活动区域，而卧室、书房则是私密区域。公共空间里，人们也同样有私密需要。在餐厅里有包房、雅座，即使在大堂空间里，人也常常首先占据靠窗、靠隔断的位子。现代办公空间里，虽然强调人员间的交流，但是一定高度的隔断还是需要的。经理的办公室一般都还是采用封闭的空间，或是玻璃隔断，以使视线连通但声音隔绝，保持必要的私密性。在没有独立空间的情况下，人们也有尽端趋向。如在餐厅里，人们一般不希望在门口和人流来往频繁的地方就座，喜欢找尽端的地方。学生公寓里，也往往是尽端的床位先被占有，这样能使自己处于一个相对安静，避免被人打扰的环境。

(4)参与交往愿望。

人是社会性的人，不能离开社会，参与与交往的愿望是每个人都具有的。人的智慧、人的能力、人的审美和人的健康等一切都是在与人交流的基础上才可能成长和拥有的。合适的空间环境将有助于人的交流，反之，将会制约人的相互交流。“共享空间”是美国著名建筑师约翰·波特曼根据人们的交往心理需求而提出的空间理论。“共享空间”的本质意义在于将各种空间要素和性质集合在一起，设计一个便于人们进行各种不同层次交流的空间场所，如打破室内外的界限，将自然景物引进室内，将休憩所需的静态空间和动态的活动空间相结合，空间的相互流通和渗透等。共享空间使人们有观赏和活动参与的自由选择机会，符合了人们进行交流的各种心理需要。如今“共享空间”在世界各国都得到普通应用。

人的参与活动有两种情况，一是直接参与；二是间接参与。直接参与是指人喜欢直接加入一种活动，譬如公共广场中锻炼身体、跳舞等。间接参与指人喜欢作为观众或听众介入活动。在许多自发的社会性活动中，人们往往先是作为观众或听众处在空间的边界位置，随后情绪被调动，最后自己参与活动进入到空间的中心位置，因此，边界具有行为的诱导性和扩散性，这就是“边界效应”。了解和合理运用边界效应也是在空间设计中考虑人们心理因素的重要方面，许多广场的设计就合理地利用边界，把“观赏”和“参与”两种活动所需空间有效地组织起来。

(5)从众心理。

人还有从众的心理倾向。尤其是自己没有主意，无法判断的情况下更容易从众。如紧急事件中，火灾或突发事件的混乱中，人们往往会盲目地随着大多数人奔跑，实际自己并不清楚出口在哪个方向。在商场、展览会上，当人们没有明确方向的时候，也往往是随大流。因此，在一些公共空间里，要有意识地组织和安排交通和人流的运动去向。

(6)喜新、求异心理。

常见的事物或者特征不明显的环境往往不会引起人们注意，甚至视而不见。但一件新奇的事物和从没有见过的、特征鲜明的环境却让人留下深刻印象。利用这一心理特征，在商店建筑、娱乐建筑、观演建筑等的门面和内部空间的设计中，应充分利用形、色、光的手段创造新的、变化的、具有个性的形象来吸引人们的注意。

总之，空间设计是对人们在空间中的行为和心理进行某种预测，对场地进行划分和再组织。预测的依据是所观察到的环境行为现象即人在空间中的行为和心理反应。建筑师、规划师、景观建筑师和室内设计师都应不辞劳苦，勤于调查，积极思考，从人的行为和心理出发进行设计，最终为使用者创造出满意舒适的空间环境。

2.1.3 环境心理学与室内空间设计

在阐述环境心理学之前，我们先对“环境”和“心理学”的概念简要地了解一下。环境即为“周围的境况”，相对于人而言，环境可以说是围绕着人们，并对人们的行为产生一定影响的外界事物。环境本身具有一定的秩序、模式和结构，可以认为环境是一系列有关的多种元素和人的关系的综合。人们既可以使外界事物产生变化，而这些变化了的事物，又会反过来对行为主体的人产生影响。例如人们设计创造了简洁、明亮、高雅、有序的办公室内环境，相应地环境也能使在这一氛围中工作的人们有良好的心理感受，能诱导人们更为文明、更为有效地进行工作。心理学则是“研究认识、情感、意志等心理过程和能力、性格等心理特征”的学科。

关于环境心理学与室内设计的关系，《环境心理学》一书中译文前言内的话很能说明一些问题：“不少建筑师很自信，以为建筑将决定人的行为”，但他们“往往忽视人工环境会给人们带来什么样的损害，也很少考虑到什么样的环境适合于人类的生存与活动”。以往的心理学“其注意力仅仅放在解释人类的行为上，对于环境与人类的关系未加重视。环境心理学则是以心理学的方法对环境进行探讨”，即是在人与环境之间是“以人为本”，从人的心理特征来考虑研究问题，从而使我们对人与环境的关系、对怎样创造室内人工环境，都应具有新的更为深刻的认识。

2.1.3.1 环境心理学的含义

环境心理学是研究环境与人的行为之间相互关系的学科，它着重从心理学和行为的角度，探讨人与环境的最优化，即怎样的环境是最符合人们心愿的。

环境心理学是一门新兴的综合性学科，环境心理学与多门学科，如医学、心理学、环境保护学、社会学、人体工程学、人类学、生态学以及城市规划学、建筑学、室内环境学等学科关系密切。

环境心理学非常重视生活于人工环境中人们的心理倾向，把选择环境与创建环境相结合，着重研究下列几个问题。

（1）环境和行为的关系。

（2）怎样进行环境的认知。

（3）环境和空间的利用。

（4）怎样感知和评价环境。

（5）已有环境中人的行为和感觉。

对室内设计来说，上述各项问题的基本点即是如何组织空间，设计好界面、色彩和光照，处理好室内环境，使之符合人们的心愿。

2.1.3.2 环境心理学在室内空间设计中的应用

运用环境心理学的原理，在室内空间设计中的应用面极广，暂且列举下述几点。

（1）室内环境设计应符合人们的行为模式和心理特征。

（2）认知环境和心理行为模式对组织室内空间的提示。

从环境中接受初始的刺激的是感觉器官，评价环境或作出相应行为反应的判断是大脑，因此，“可以说对环境的认知是由感觉器官和大脑一起进行工作的”。认知环境结合上述心理行为模式的种种表现，设计者能够比通常单纯从使用功能、人体尺度等起始的设计依据，有了组织空间、确定其尺度范围和形状、选择其光照和色调等更为深刻的提示。

（3）室内环境设计应考虑使用者的个性与环境的相互关系。

环境心理学从总体上既肯定人们对外界环境的认知有相同或类似的反应，同时也十分重视作为使用者的人的个性对环境设计提出的要求，充分理解使用者的行为、个性，在塑造环境时予以充分尊重，但也可以适当地动用环境对人的行为的“引导”，对个性的影响，甚至一定程度意义上的“制约”，在设计中辩证地掌握合理的分寸。

课题2.2
室内空间划分与组织

● **学习目标**

掌握室内空间概念；熟练掌握室内空间形式与构成；了解室内空间组合与分割；了解室内空间序列与设计手法。

● **学习任务**

（1）室内空间概念。

（2）室内空间形式与构成。

（3）室内空间组合与分割。

（4）室内空间序列与设计手法。

● **任务分析**

室内空间形式与构成、室内空间组合与分割和室内空间序列与设计手法是在人体工程学的基础之上对空间设计的形式应用，可以引导学生创作出丰富多彩的室内空间形式。

2.2.1 室内空间概念

2.2.1.1 室内空间概念

空间是一种物质的存在形式，一切物体都占有着一定的空间。唯有人类才是真正有意识、有目的的空间创造者。早在人类的原始社会，人类为适应其生存环境，维护其生存的利益，就采用“穴居而野处”的方式，构建了人类最初的建筑室内形式。

中国先哲老子在《道德经》中曾这样阐述过：“埏埴以为器，当其无，有器之用，凿户牖以为室，当其无，有室之用……”，其意说明了就建筑来说，人们围合、构建建筑空间的目的在于利用其空间本身。

从几何学的观点来说，空间是由点、线、面、体，轴线，坐标系，向度概念，以及各种规则的几何图形和拓扑关系等构成的。在抽象的几何系空间概念中，点是所有形式之中的原生要素，其他要素都是由点派生而出的。点的展开变成了线，具有了长度、方向和位置等特征；线的展开变成了面，具有了长度和宽度、形状、表面、方位和位置等特征；面的展开变成了体，具备长度、宽度和深度、形式和空间、表面、方位及位置等特征。可见，点按一定向度的运动最终形成了空间。

几何学的空间观为人类提供了行为的秩序和空间框架，建立了空间的结构。而以物质功能为主的空间使人们扩大了行为的领域，提供了行为的场所和需求的满足。两者交融，扩展了建筑空间的内容和含义。

总之，建筑空间是个多元的、多义的、复杂的综合体，涉及科学、艺术、技术、经济、人文、地理、环境等多个层面。进行建筑空间设计应从有形的物质空间因素和无形的人文因素两方面来同时把握。

2.2.1.2 室内空间与室外空间

建筑空间的类型是丰富多彩的。建筑空间的多重性和多义性决定了它的存在形式和命名的多种类型。建筑空间是由地面、墙面、顶面及家具设施、绿化等组合而成的，而构成建筑物的地面、墙面、顶面分别称为建筑空间的底界面、侧界面和顶界面。

室内空间是指被底界面、侧界面、顶界面同时围合而成的建筑内部空间。室外空间是指仅有底界面、侧界面围合形成的建筑外部空间，如天井、庭院、广场等。

由此可见，室内空间与室外空间的最大的区别在于有无顶界面。

室内空间是有限的，这是相对自然空间而言。室内空间作为组织人类生产、生活活动有序进行的物质产品，其与众多人工物质因素如室内围护结构（顶棚、墙面、地面）、家具、灯光及陈设、设施等产生关系。由室内空间中的形式、照明、采光、家具、陈设、装饰等诸因素构成的室内空间形象，其相对室外空间而言，予以室内空间中的主体——人在心理、生理上的感受力更为强烈。因此室内空间具有贴近性、人工性、局限性、确定性、封闭性、隔离性等特点。

室外空间是无限的，这是相对于建筑物而言。室外空间包括了人类居住、工作、游乐等场所及这些场所所在的自然环境。室外空间基本上是由各类建筑物组成，其更多地同大自然的天空、阳光、山水、树木花草等产生关系。因此室外空间具有自然性、开放性、开敞性、模糊性、不确定性等特点。

对室内空间与室外空间的划分，是为了区分建筑空间的不同层次，更有效地创造积极、开放的室内空间环境及完整、和谐的并与环境融合的建筑空间形象。

室内空间与室外空间是一个统一的联系体。室外空间是室内空间的反映，室内空间又是构成室外空间的手段。现代室内设计十分注重室内空间和室外空间的交融。现代科学技术亦为扩大空间、增加空间层次、实现室内空间“室外化”，最终达到调适人的生理、心理状态的目的，提供了较大的自由度和现实性，同时在具体设计手法上也开辟了广泛的途径。

2.2.2 室内空间形式与构成

2.2.2.1 重复与渐变

重复，即是以不分主次关系的相同形象颜色、位置距离做反复并置排列。以一种形象做左右或上下反复并置称为二方连续式。上下左右同时反复并置，称为四方连续式。重复并置的特点具有单纯、清晰、连续和无限之感。但有时因为过分的统一，也会产生枯燥乏味的感觉。在办公空间中运用重复的形式可使展品均等陈列。如图 2-2-1 所示，Skype 帕洛艾尔托（Palo Alto）办公环境的电视机背景是形状的重复，但位置有变化避免枯燥乏味。如图 2-2-2 所示，柏林 Covus 办公室座位背景软包墙面对图案、小吊灯的重复。

图 2-2-1 Skype 帕洛艾尔托（Palo Alto）办公环境

图 2-2-2 柏林 Covus 办公室

渐变含有渐层变化的阶梯状特点或渐次递增、或逐次减少。如图 2-2-3 所示，军工路办公室茶室造型的方向渐变和旧金山 Buck O’Neill Builders 办公室（见图 2-2-4）光影的方向渐变。

图 2-2-3　军工路办公室茶室

图 2-2-4　旧金山 Buck O’ Neill Builders 办公室

2.2.2.2　对称与均衡

对称即在画面中心画一条直线，以这条直线为轴，其上下或左右对称即为对称，或称均齐。对称具有一定的规律性，是统一的、正面的、偶数的、对生的。在办公空间中，对称的手法常被采用，是种较好的陈列形式，有庄重、大方、稳定之感。旧金山 artis 办公室和印度 WHITE CANVAS 广告公司办公空间的对称设计效果如图 2-2-5 和图 2-2-6 所示。

图 2-2-5　旧金山 artis 办公室（一）

图 2-2-6　印度 WHITE CANVAS 广告公司办公空间

均衡，即在无形轴的左右或上下各方的形象不是完全相同，但从两者形体的质与量等确有雷同的感觉。均衡富有变化，具有一种活泼感，是侧面的、奇数的、互生的、不规则的。在办公空间中，常常把支持点偏放在焦点之上，距离中心点较远方陈列物品较多较近一方陈列物品较少，但在感觉上却能获得平衡（见图 2-2-7 和图 2-2-8）。

图 2-2-7　旧金山 artis 办公室（二）

图 2-2-8　都柏林 Google 新办公室（一）

2.2.2.3 调和与对比（统一与变化）

调和，是把两个相同性质不同量的物体，或把两种不同性质但相近似的物体并置在一起，给人以融合统一的舒适感觉。在艺术表现形式中，常常体现在形的统一、色的统一、主调的统一（见图 2-2-9 和图 2-2-10）。

图 2-2-9　都柏林 Google 新办公室（二）

图 2-2-10　都柏林 Google 新办公室（三）

对比，是当两种物体并置在一起时，其形象感觉既不相同，又不相近，有明显的差异，形成明显的对照。在办公空间艺术形式中通常表现为形的对比、色彩的对比，虚实、肌理等方面的对比。适度的对比会给人以“万绿丛中一点红”那样的愉悦美感。

在办公空间设计过程中应根据其主题与整体结构的需要侧重调和，给人以舒适统一的感觉，或充分运用对比造成生动活泼新奇动人的最佳传播效果。

2.2.2.4 比例与尺度

比例是指在一个形体之内将其各部分关系安排得体如大小高低、长短宽窄等形成合理尺度关系。

尺度则指标准是设计中的计量、评价等的基准。换言之，尺度是设计对象的整体或局部与人的生理尺寸或人的某种特定标准间的计量关系。完美的设计形式离不开协调匀称的比例尺度。办公空间设计中常用的比例主要有黄金分割比和数列比。

（1）黄金分割比。

就线段分割而言又称“外中分割”，即将线段分为两部分使全线之长与较长部分之长之比等于较长部分之长与较短部分之长之比或较长部分之长的平方等于全线长乘以较短部分之长。数学运算结果为较长部分之长与较短部分之长之比约为 1.618 ∶ 1 或近似 8 ∶ 5。黄金比的数学方式为：短边 : 长边 = 长边：长短两边之和（见图 2-2-11）。

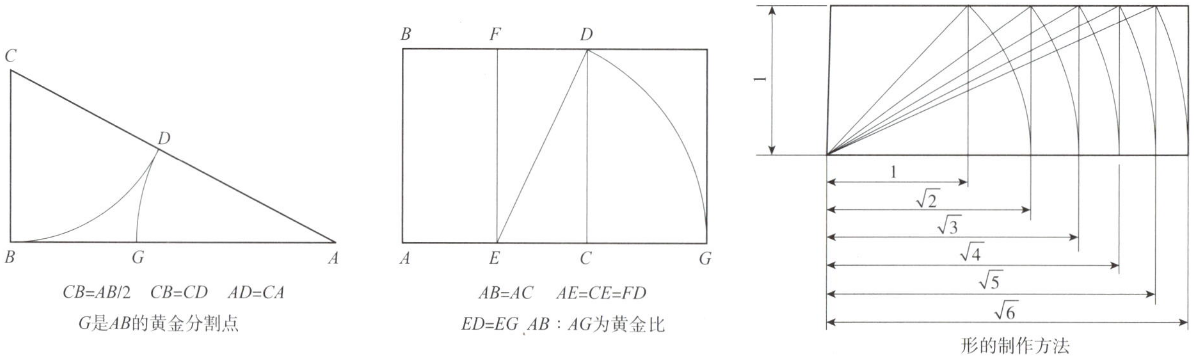

4 × 1.414=5.656cm（斜边上的矩形长边）

4 × 1.5=6cm（正矩形之长边）

4 × 1.618=6.472cm（黄金矩形之长边）

4 × 1.732=6.928cm（印刷矩形之长边）

若假定长边为5.656cm，求矩形之短边即为5.656 ÷ 1.414=4cm（斜边上的矩形之短边），其他以此类推

图 2-2-11　黄金分割比

（2）数列比。

数列比是基于一定法则而产生的数列关系包括等差数列、等比数列、调和数列费布拉齐数列等。

1）等差数列。其数列项为 a、a+r、a+2r、…a+（n+1）r（n 为大于等于 −1 的整数）（见图 2−2−12）。

2）等比数列。其数列项为 1、a^2…a^{n-1}、a^n（n 为大于等于 0 的整数）（见图 2−2−13）。

3）调和数列。其数列项为 1、1/2、1/3、1/4…（见图 2−2−14）。

4）费布拉齐数列。又称相加模数比。其公式为 1、2、3、5、8、13、21、34、55…此数列比与黄金比相似，如 2 ∶ 3 ≈ 1 ∶ 1.35，3 ∶ 5 ≈ 1 ∶ 1.667，5 ∶ 8 ≈ 1 ∶ 1.6（见图 2−2−15）。

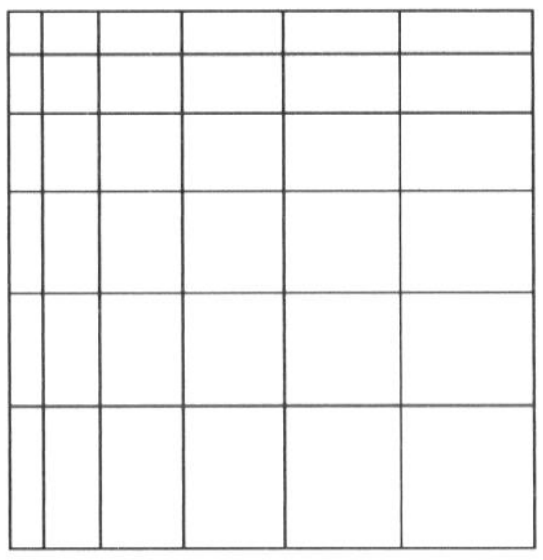

图 2−2−12　等差数列

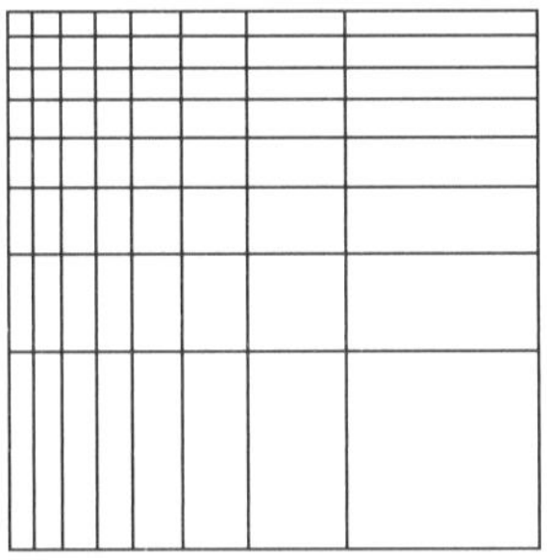

图 2−2−13　等比数列

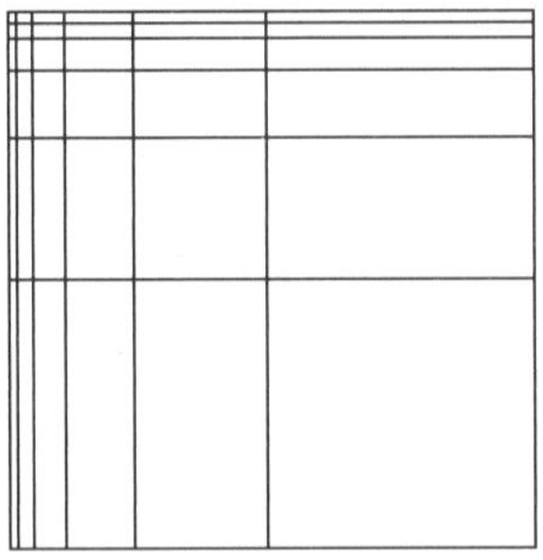

图 2−2−14　调和数列

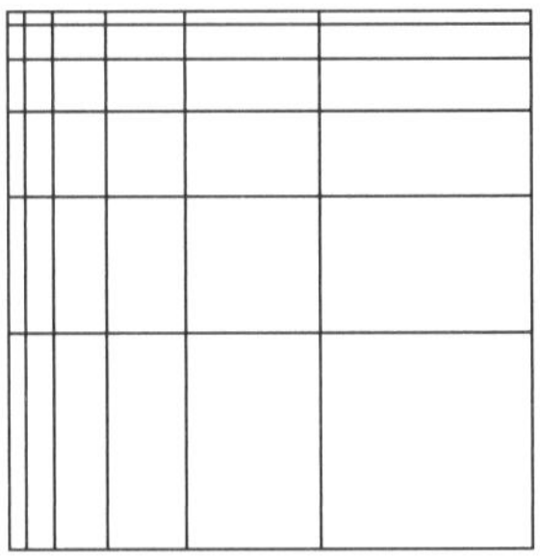

图 2−2−15　费布拉齐数列

模数，又称模量，指两个变量成比例关系时的常数，含有某种度量标准的意义。在办公空间设计中，按模数组织平立面的比例和尺寸，模数为选定的标准尺寸单位，基数模数的数值规定为 100mm，以“m”表示，即 1m=100mm，以此来调节展示建筑物各部分之间的构造、尺寸和比例关系。

模数学派的代表人物是被称为 20 世纪新建筑运动先驱之一的柯布西耶（Le Corbusier，1887 ~ 1965），他从人体的骨骼尺寸出发，将比例与尺度、技术与美学进行了统一的考虑，提出了模数理论。柯布西耶提出的基准尺度是依据人体各部分的比例关系推算出一系列的黄金比，从而构成了费布拉齐数列般的关系。

柯布西耶的模数尺度是根据两组数据衍生出来的，一是以西方人体平均身高 182.9cm 为基准，利用黄金分割比将人体高度分为两部分，较长部分为 113cm，正好是人体从地面到肚脐的高度，再将 113cm 按黄金分割比分成两部分，长段为 69.8cm，依此进行分割，可得出图 2−2−16 中 A 行的数据。二是最大高度是以上伸手臂的高度 226cm 为基准，再以上述的相同方式用黄金比例进行分割，而获得图 2−2−16 中 B 行的数据，那么，手放下的高度则为 86cm。在东方人身上也可以找到相同的比例。由此可见，柯布西耶的模数尺度在实际美的形态创造中的价值。这个由柯布西耶在 1946 年创立并申请了专利的设计系数——模数。得到设计界和有关方面的高度评价，公认为是最著名、最令人感兴趣的设计系数。他将黄金分割朝前推进了一步，既适用于建筑等三维空间设计，也适用于二维空间设计，是对现代设计界的重大贡献。如图 2−2−16 和图 2−2−17 柯布西耶的模数尺度。

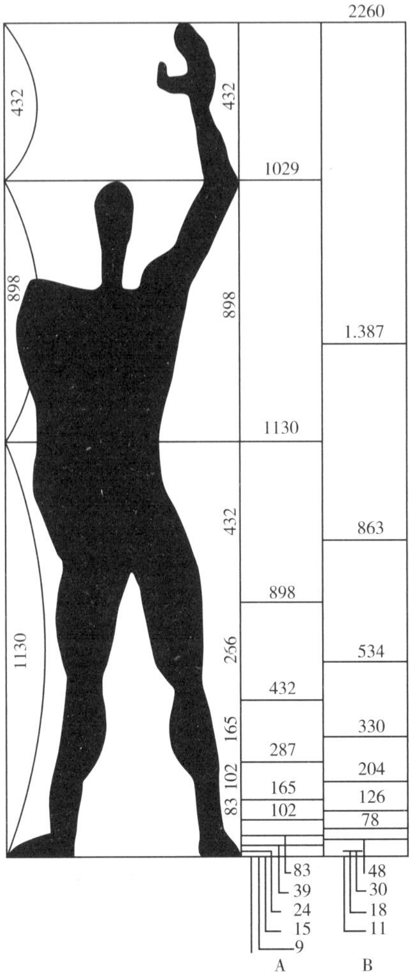

图 2−2−16　柯布西耶的模数尺度（一）

2.2.2.5　节奏与韵律

节奏是根据反复错综和转换重叠原理加以适度组织使之产生高低强弱的变化。在办公空间设计艺术表现形式中，通常表现为形色质的反复变化。有时表现为相间交错变化，有时表现为重复出现，由周期性的相间与相重构成律动美感。

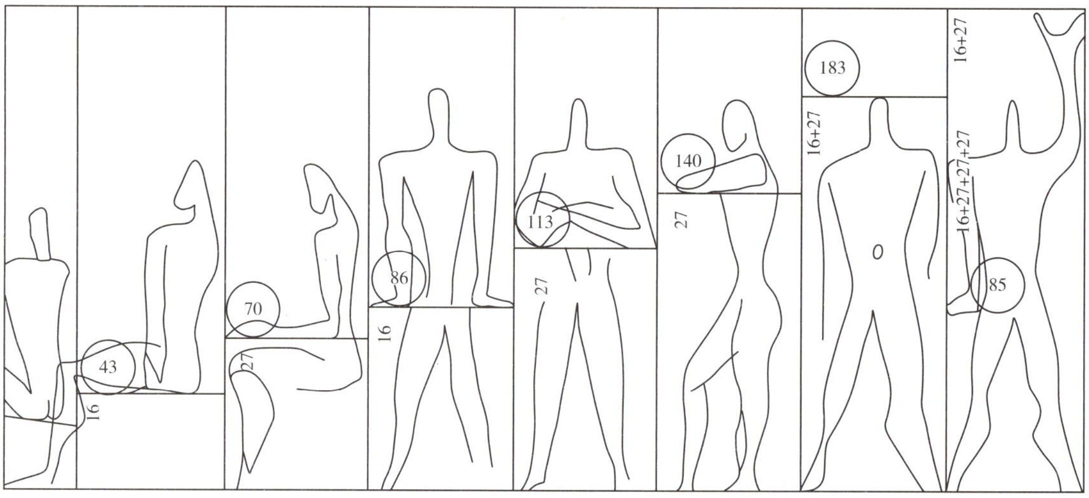

图 2-2-17　柯布西耶的模数尺度（二）

节奏与韵律的展示表现的方法与技巧。

（1）利用反复的形式表现。

（2）利用渐变的形式表现。

（3）利用放射的形式表现。

2.2.3　室内空间组合与分割

随着建筑内部空间不断扩大发展，使用功能日趋复杂。建筑内部不仅需要美化，还需要进行科学的划分，以全面满足人类行为的、生理的、心理的需要。随着社会发展、人口增长、可利用的空间趋于减少，空间的价值观念日趋增强。这样，如何合理的组织空间，就成为一个突出的问题。

室内空间设计中空间的组合与分割是密不可分的，空间的组合与分割要满足人们的需要，结合具体的空间类型和功能使用要求进行空间的组合与分割，是我们创造的前提和目的。正确的处理组合与分割是明确空间性质的重要途径，而针对不同的设计目的采用不同的分割方式就显得尤为重要。

2.2.3.1　室内空间的分隔常见方式

（1）绝对分隔。

用承重墙，到顶的轻体隔墙等限定度较高的实体界面分隔空间的形式，称为绝对分隔，该种方式的分割具有分割明确，界限清晰的特点，有良好的隔离性（隔视线和光线、隔声音、隔温湿度等）。其良好的隔离性限定了空间与周围环境的流通，具有安静、私密的特性。

图 2-2-18　瑞士联合利华总部办公室

（2）局部分隔。

与绝对分割相对应的，运用片段的面划分空间的方式称为局部分隔，通常用不到顶的隔墙和较高的家具或陈设设施等划分空间。它的特点介于绝对分隔与象征性分隔之间，其限定度随分割界面的大小、材质、形态而有所区别（见图 2-2-18）。

（3）象征性分隔。

用片段、低矮的面，栏杆、花格、构架、玻璃等通透的隔断，家具、绿化、水体、高差、悬垂物、音响、色彩、材质、光线、气味等因素分隔空间，属于象征性分隔。象征性分割的限定性很低，而空间界限通过人们的感觉和联想而完成所以侧重于心理效应。如图 2-2-19 所示，帕罗奥多（Palo Alto）AOL 新办公室的抬高地面和材质的变化划分空间，图 2-2-20 荷兰博世西门子家 Hoofdorp 电办公大楼设计中用悬垂的线划分空间。

图 2-2-19　帕罗奥多（Palo Alto）AOL 新办公室

图 2-2-20　荷兰博世西门子家电 Hoofdorp 办公大楼

（4）弹性分隔。

利用比较灵活的设置（如拼装式、升降式、直滑式、折叠式等活动隔断的帘幕、家具、陈设等分隔空间，可以根据使用要求而随时启闭或移动，空间也随之在分合之间变化，或大或小，或分或合，具有较大的弹性。如图 2-2-21 所示，帕罗奥多（Palo Alto）AOL 新办公室设计利用拼装的地毯和家具划分空间。

空间的分割方式决定着空间的联系程度，是空间设计的重要内容，不同的分割方式可以创造不同的室内空间环境，产生情趣和意境。

图 2-2-21　帕罗奥多（Palo Alto）AOL 新办公室

2.2.3.2　室内空间的具体分隔方法

常见的空间具体分隔方法有以下 8 种。

（1）建筑结构分隔或装饰构架及装饰造型分隔。

（2）隔断分隔。

（3）用色彩、材质分隔。

（4）用家具与陈设分隔。

（5）用水体、绿化分隔。

（6）用界面高差分隔。

（7）用照明分隔。

（8）用综合手法分隔。

合理利用空间，不仅反映在对内部空间的巧妙组织，而且反映在空间的大小、形状的变化，整体和局部之间达到协调和统一。人们对空间环境气氛的感受，通常是综合的、整体的，既有空间的形状，也有作为实体的界面。空间形态是空间环境的基础，它决定空间总的效果，对空间环境的气氛、格调起着关键性的作用。

2.2.4　室内空间序列与设计手法

良好的建筑空间序列设计，宛似一部完整的乐章、动人的诗篇。空间序列的不同阶段和写文章一样，有起、承、转、合；和乐曲一样，有主题，有起伏，有高潮，有结束；也和剧作一样，有主角和配角，有矛盾双方的对立面，也有中间人物。通过建筑空间的连续性和整体性给人以强烈的印象、深刻的记忆和美的享受。但是良好的序列章法还是要靠通过每个局部空间的装修、色彩、陈设、照明等一系列艺术手段的创造来实现的。因此，空间序列的设计手法非常重要。

2.2.4.1 空间的导向性

指导人们行动方向的建筑处理称为空间的导向性。采用导向的手法是空间序列设计的基本手法，它以建筑处理手法引导人们行动的方向，使人们进入该空间，就会随着建筑空间布置随其行动，从而满足建筑物的物质功能和精神功能。良好的交通路线设计不需要指路标和文字说明牌，而是用建筑所特有的语言传递信息，与人对话。常见的导向设计手法是采用统一或类似的视觉元素进行导向，相同的元素的重复产生节奏，同时具有导向性。设计时可运用形式美学中各种韵律构图和具有方向性的形象作为空间导向性的手法。如连续的货架、列柱、装修中的方向性构成、地面材质的变化等强化导向等，通过这些手法暗示或引导人们行动的方向和注意力。因此，室内空间的各种韵律构图和象征方向的形象性构图就成为空间导向性的主要手法。

2.2.4.2 视觉中心

在一定范围内引起人们注意的目的物成为视觉中心。导向性只是将人们引向高潮的引子，最终的目的是导向视觉中心，使人领会到设计的诗情画意。空间的导向性有时也只能在有限的条件下设置，因此在整个序列设计过程中，还必须依靠在关键部位设置引起人们强烈注意的物体，以吸引人们的视线，勾起人们向往的欲望，控制空间距离。如中国园林通过廊、桥、矮墙为导向，利用虚实对比、隔景、借景等手法，以寥寥数石、一池浅水、几株芭蕉构成一景，虚中有实。获通过建筑、家具、屏风、亭台楼榭等将空间处理成先抑后扬，先暗后明，先大后小，千回百转的效果。而视觉中心是指一定范围内引起人们注意的目的物，它可视为在这个范围内空间序列的高潮。

2.2.4.3 空间构成的对比与统一

空间序列的全过程就是一系列相互联系的空间过渡。对不同序列阶段，在空间处理上各有不同，造成不同的空间气氛，但又彼此联系，前后衔接，形成按照章法要求的统一体。空间序列的构思是通过若干相联系的空间，构成彼此有机联系，前后连续的空间环境，它的构成形式随功能要求而不同。如中国园林中"山穷水尽"、"柳暗花明"、"别有洞天""先抑后扬"、"迂回曲折"、"豁然开朗"等空间处理手法，都是采用过渡空间将若干相对独立的空间有机的联系起来，并将视线引向高潮。一般来说，在高潮阶段出现以前，一切空间过渡的形势可能也应该有所区别，但在本质上应基本一致，强调共性，因以统一的手法为主。但作为紧接高潮前准备的过渡空间往往采用对比的手法，先收后放、先抑后扬等用以强调和突出高潮的到来。统一对比的建筑构图原则同样可以运用在室内空间处理上。

2.2.5 室内空间构图要素和基本原则

2.2.5.1 构图要素

1. 点

在话语中，点是一个停顿符号，在视觉艺术中，点是最小的组成单位。它最具向心力，也是最不确切的形。当人们认为沙漠是沙的海洋的，它其实由点组成。这些点组成了浩大的、暴雨般的沙流，创造了震撼人心的力量。它的作用显而易见。如图 2–2–22 所示，俄罗斯 Google 办公室地面的造型用的是彩色的自然排序的点和灯光制作出的几何排序的点，如图 2–2–23 所示 Grupo Gallegos 创意办公空间的天花应用了点的构图。

（1）点的属性。

理论上讲，点的轨迹构成线、线的密集形成面。数千年前，人们就已经找到这种几何形的外形特征，并且用它来组成各种生活用品及其图案。发展至今，以点为基础的那些几何造型，正因其丰富的联想、巧妙的构思、强烈的视觉效果受到人们喜爱。将它们运用于空间和界面，已成为一个重要的装饰手段。

图 2-2-22　俄罗斯 Google 办公室

图 2-2-23　Grupo Gallegos 创意办公空间

让我们来看两个有关点的现象：首先，点的大小与形状可以改变。外表上，点可以是最小的元素形式，虽然这样说不一定准确。其次，点可以扩展，变成一个面。稍不留意，它就充满了（整个相对缩小的）背景面。所以我们要考虑到点与背景的关系，即我们所说的“点”的大小比例与空间环境中其他物体的关系。如果一条非常细的线与点并置，点的面貌也可以以面的方式反映出来。所以，点是以多种形态存在的。而且，同样的点，不同的组合及形态，能给人以多种不同的视觉心理感受。

1）单独的点具有向心性和强烈的注目性。

2）两个大小不同且相隔一定距离的点，给人以张力感、连续感。当我们视线反复于二点之间时，给人以“线”的感觉。

3）两个大小不同并隔一定距离的点，我们的视觉首先集中于大点，然后移向并集中于小点。点愈小凝聚力愈强。

4）三个以上并相隔一定距离的点，我们的视线会来回于各点之间，而产生“面”的感觉。点的个数越多，点与点之间的距离越短，“面”的感觉越中。

5）在各种排列中，依线排列的点，形成“线”的感觉；依据一定的规律，作大小或分组重复排列的点，给人以节奏感；依大小序列作渐变排列的点，给人以韵律感；而点的大小间隔的疏密作渐变排列的点，给人以方向感和方位感。事实上，“点”的形态不止是一个小圆点，它可以是圆形，也可以是方形、三角形、菱形或其他不规则的造型，要对它作任何界定都不可能。作为视觉元素的点与面的区别，并不依赖于量度，而依赖于比较。但它终究是“点”，它的基本特征是细小的，给人具象的停顿之感。由此看来，以不同面貌出现的点，具有千变万化的面貌，“死”的点成为了“活”的生命，它在室内空间环境中显得举足轻重。

（2）点在空间环境中的运用。

空间环境中处处可见“点”的存在。一方面，家具和实物体，如一部电话、一瓶香水或者一点灯光是“点”；另一方面，在界面中，点得到比其他艺术形式更多的重合结果——它既是空间转角的角点，又是这些面的起点。面直接引出点并由点向外延伸。空间中点的位置，决定了各界面的位置。这还不包括各种动态的点。室内每一个构成点的元素，就其本身来说，都是一个微小的世界。它的位置相对稳固，既不偏向水平方向，也不偏向垂直方向，甚至不带有一点向前和向后的趋势。

作为设计者，在作界面划分时，同样可以按内在的和外在的两种方式来考虑。外在而言，每一个点都是一个元素，而对于内在，则不是点的本身，而活跃其中的内在张力才是元素。这种内在张力，才是元素。这种内在张力，也是每一种元素和材料按照视觉规律进行不同配置的结果，由此产生出不同的设计风格。如吊灯、桌面的蜡烛在空间中都以点的状态存在。

独立的点，或者说独立的实物体，提神、跳跃、节奏感强。它们的位置可以不固定，只以各自的形态出现在平衡和点缀的地方，创造和调节室内气氛。这里的点都具有性格和表情，或通过造型或通过色调，所形成的形象语言，让我们产生共鸣，领悟其中丰富的内涵。再看空间转角的角点。室内的角点稳定地、科学地静止在那里，形成均衡、稳定的可视空间。

它既确定距离，也决定造型，并且完成空间与空间的衔接。平衡的布局，空灵的区域，人们所生活和休息的空间范围被界定下来。空间，这个物理学视作的充实体，为以后的设计提供了最基本的场所。

灯光的投影产生出了动态的点，同时，图中以点的伸展所产生的线，较之单一的线条更加丰富而有变化。这时点的特征有所降低，被点连成的线产生出了富于装饰性的韵律，界面装饰形成了节奏被调节出来。而当点按大小依次排列扩张开时，面出现了。这个特别的装饰层面，既丰富了表现手法，又恰到好处地增加了空间层次，烘托出浓郁、活泼的气氛。

2. 线

线是点在移动中留下的轨迹。点与线，有从静到动的一步。所以，它可以称为设计的第二元素。线不仅有长短，而且有粗细。因此线也同时具有“面”的属性。它的判断，依据形象的长与宽的超特差异。空间的方向性和长度是构成线的主要特征。我们看到和感受到的线具有各种形态；长线、短线、粗线、细线、直线（包括水平线、垂直线、斜线）、曲线（几何曲线、自由曲线）等形态。它们以不同的建筑材料表现出来，给人不同感受，富有很强的心理效果和丰富的表现力。正像点一样，线也存在于视觉艺术以外的其他艺术之中。音乐里不同乐器的音高也相当于不同粗细的线。小提琴产生一种非常细的线，大提琴和单簧管是一种粗略的线，低音乐器产生出更粗的线，一直到最低调。如果说钢琴是类点乐器，管风琴或许就是一种线乐器。音乐里，线提供了表现共鸣的最大仓库，而在设计中，线条确实以独特的方式发挥着作用。如图 2-2-24 所示，阿姆斯特丹智威汤逊（JWT）创新办公空间线的应用。

图 2-2-24　阿姆斯特丹智威汤逊（JWT）创新办公空间

（1）直线。

直线在最简洁的形式中表现了无限的张力和方向。明确、简洁、锐利。在直线中，我们可看到 3 种类型的变化。

1）直线最简单的形式是水平线。“平”构成了水平线的基调，所以它给我们稳定、庄重、静止、平和的意味。当水平线两端无限延长时，它富有宽调、深远的心理感应。

2）与这条线截然相反的是垂直线。它竖起正好与水平线构成直角，成为空间结构的基本框架。垂直线具有崇高与庄重的性格。它的长短直接影响面大小。这样，因为水平线和垂直线的交错、组合形成了室内大大小小的界面。

3）直线的第三类变化是斜线。它的形态介于垂直线与水平线之间，具有方向性和强烈的动感特征。斜线与斜线的碰撞，产生了具有角度的面，它们可以是 45° 锐角、90° 直角、135° 钝角，产生出的内在感受分别有敏锐、公正、舒缓的特征。所以，直线不仅决定界面大小，也对室内界面角度的形成产生影响。

（2）曲线。

曲线与直线不同的是，它丰满、优雅、柔和、流畅。它的张力体现在“弧”。在这里，角的硬度消失，更大的柔韧力出现了，从而使有曲线加入的界面更富弹性、流畅而且亮丽。曲线包括几何曲线和自由曲线。

1）几何曲线：如圆、椭圆、抛物线、等距半径曲线等，具有节奏、比例、规整性与单纯中的和谐感，富有现代感的审美趣味，柔和、成熟、完满。

2）自由曲线：如开放曲线、波形线、螺旋线等，曲率不定。它富于变化，是极富个性的曲线。用少年的莽撞秉性和壮年自信的能力来比喻它很合适。在追求运动感和自然风格的空间时，较多地使用自由曲线。直线和曲线，它的本身是多变的。任何一种变化都对设计风格产生直接或间接的影响。长线具有持续性、速度性和时间性的运动特征，短线具有断续性、迟缓的动感，粗线厚重、迟缓，细线轻松、敏感。甚至线条本身也可作渐进或自发地增加或减弱其强度的变化，这在中国书法笔法中有很好的例子。

3. 面

设计中的点、线、面如同生活中的万事万物一样，总是共同存在、相辅相成的。音乐的强弱、缓急，让我们看到一幅点的密集与疏朗的画，这就是节奏。这些节奏延伸下去，就可感到延伸游动的律线。多种乐器的合奏，会出现层次分明的、向四周扩散的场面，引起我们的共鸣。这就是艺术包含的共同性。点、线、面在音乐中通过听觉表现，在设计中则从视觉感知中得来，室内界面设计尤其如此。这是三维乃至四维空间的结合。埃菲尔铁塔向我们显示了材料和结构的完美统一，它是有分量的。在这里，线几乎取代了面，结构体上的接点和铆钉是点。它们不仅在平面上，而且在空间中。我们所说面，既包括适于室内的物质平面，也包括各种动态的界面。面和点、线一样，具有多种形态的属性。它包括：几何性的面，即由数学方式构成的面；有机性的面，即由自由曲线构成的面；直线性的面，即由直线随意构成的面；偶然性的面，即偶然获得的面；不规划性的面，即由自由曲线及直线随意构成的面。如图 2-2-25 所示，特拉维夫 Google 办公室的墙体的曲面应用。

图 2-2-25　特拉维夫 Google 办公室

室内出现较多的是由两条水平线和两条垂直构成的方形面。由此框定了一个相对独立却又多方连续的实体。这种元素提供了构成空间的可能性。在这样的界面上，每一个物体或装饰物必然停留在一种与背景相对固定的关系中。或左或右、或上或下，这就需要我们用心理联想的方式进行考虑，设计布置出最佳位置，将外在的视觉效果和内在的风格“培育”出来。设想在界面上出现的各种装饰物，“上”往往产生一种轻松和自由的空间效果；而“下”则显得稠密和沉着。因为“左”是远离运动和方向，所以它偏向自由，类似“上”。而“右”是一种回缩运动的方向，它偏向羁缚，类似“下”。因此在任一界面上，都有轻、重、虚、实关系。设计时在量的关系上分清主次，就不会显得平板或花；在位置关系上既相对集中，又适量穿插，就不会“散”；在形的关系上，则应相互对比、呼应。按照视觉规律展开整体设计，就可取得美的形与空间。

在面当中，还有一种圆形。这是最静止完美的状态。它没有任何角状的突然转折。这一类几何曲线性的面，有柔软、自由、明快的性格，整齐而富有秩序性，面的大小、虚实，给人不同的视觉感受。面积大的面，给人视觉以扩张感；面积小的面，给人的视觉以内聚感；实的面给人以量感和力度感，称为定形的面，或静态的面；虚的面，如由点或线密集构成的面，给人以轻而无量的感觉，称为不定形的面，或动态的面。任何形态的面，都以通过分割或面与面的相接、联合等方法，构成新的形态的面，呈现不同的风格。

必须强调，点、线、面的空间形态不是绝对的，它们是通过比较而形成的，是相对的。一处灯亮时，给我们点的感觉。若灯光形成单向连续，我们会意识到线的存在。灯光在构成多向或交错连续时，我们看到了面。在室内空间中，不同的材料、不同的配置，空间内会形成不同的风格和特征。协调和统一的处理，是任何一种风格都应遵循的。一盏灯、一个门框，它们既有外在呈现的外形，也是设计师手中体现内在风格的可支配和使用的元素。抽象的点、线、面及所形成的体，造型虽然具有明显的形式感，但无论哪一类方法的处理都有一个创新的过程。不同的点、不同的线、不同的面、不同的体及其相互关系可以产生个性差异的不同变化，形成各种不同的界面和空间。

1）表现结构的面：结构外露部分形成的面。具有现代感和几何形体的美，形成吸引视线的绝对优势。如建筑的木结构顶棚或采光顶棚，及一些暴露的设施排列，其本身就体现出材质及韵律美，自然大方，体现科技。

2）表现材质的面：各种不同的材质，体现不同的设计风格。如表现柔软质感的织物装饰、粗犷自然不加修饰的混凝土墙面、充满乡土气息的石头墙面等。

3）表示光影的面：光影既可依附于界面，也可独立存在于空间。它既可是点状发光体的并列、连接，也可以是线状发光体的延续或通过内部技术手段使界面自身发光。顶棚的装修非常简单，但光影造成的界面形成丰富动人的装饰效果。

4）表现层次变化的面：顶棚的高低层次，既有限定作用，也可以自然地降低或提升局部空间，增强领域感。墙面的层次，既丰富设计语言又可以从视觉上改变方向，形成空间与空间的延伸。地面和吊顶在表现层次感的同时，使视觉得以向内过渡，丰富了空间。

5）面与面的过渡：顶棚与墙面、墙面与地面，在装修过程中用同一种材料过渡，使两个面自然衔接，形成统一与延伸，具有简洁或华丽的现代感。

6）运用图案的面：不同材料的图案化处理是烘托气氛的良好方法。如绚丽多彩或沉着稳重的壁画，既增加环境的柔和感，也给人以质感的享受；而图案生动的地毯，也可以成为室内装饰的重点。顶棚也可通过材料图案化的并置，呈现不同的形式美感。娱乐场所里出现的整块台面的图案性制作，更加突出娱乐性，成为室内吸引视线的一道风景。

7）表现动感的面：动态的结构（如旋转楼梯）、光影的处理及特殊材质的运用，都可形成动感的面。

8）表现倾斜的面：凹入的墙体、弧形的空间、倾斜的吊顶、灵活的悬挂体以及刻意修饰的斜面隔断，既利用空间，又丰富空间，同时也打破了我们常见方形空间的呆板，使室内显得动感十足。

9）趣味性的面：娱乐空间、儿童居室、美容厅里常采用的手法。生动的卡通造型使儿童精品店的性质跃然眼前。

10）开各种洞的面：这种界面处理可以形成限定度和私密性小的开敞空间。易于与外部环境交流、渗透，与周围空间相融合。也可以在小面积开洞作为装饰，如墙面和隔断的开洞丰富层次，展示现代造型。地面也可开洞，作图案灯箱设置，极富装饰性。

11）仿自然形态的面：凭借材质，接近自然，在装修中，各种石质、木质材料及织物都可达到仿真的目的。作为调节身心的绿色环境，这是现代室内装饰的一个趋势。

12）主题性的面：运动图片或具象的图形衬托空间性质。如绘有与音乐、流行相关的壁画的酒吧，一目了然表达主题。

13）导向性的面：灯光的延续、空间的层次延伸，都带有导向性。

14）绿化植被的面：在阳光充沛的空间里植物的出现别具一格而且充满生气。墙体可攀援，隔断可垂挂，这样的绿色界面意境清幽、赏心悦目。

15）运用虚幻手法的面：不同装饰材料的镶嵌与穿插（如镜面与墙面其他材质），虚虚实实让人对真实产生怀疑，利用视觉完形性形成不能即刻确定的虚幻空间。

这样看来，运用、控制好界面的形式和风格，是把握整体空间的良好环节。它也是形成空间内部的决定因素，比如引进瀑布甚至阳光的自然界面可形成动态的空间；透明度大的隔断可以使小范围与周围环境形成流动空间；不到顶的隔断又可形成多个小空间；表现层次的界面则可形成下沉空间或地面空间等。界面是物质的，装饰材料也是物质的，空间的形式既靠界面的形式也与界面表现的肌理相关。它可以是平滑的或粗糙的，抛光的或无光泽的等。

因此，处理好了面的关系，就控制住了整体。透过千变万化的点、线、面，我们看到它们对现代人类的居住空间所产生的深远影响。但变化的形态必须统一在整体的外形中，而整体的外形必须增加内部的变化性。良好的设计，必须是一种直觉和深思熟虑的和谐统一。

2.2.5.2 室内空间设计的构图原则

室内空间设计在某种意义上来说，就是对形色、质地的选择和布置，其结果也表达了某种个性、风格和爱好。从这点来说，家庭的“设计”则是反映住户或设计者的思想个性。按陈规的和缺乏个性的模仿设计，很快会使人厌烦。但是如果要使设计达到某种效果和目的，对一些基本的原则还是应该考虑的。

1. 室内空间设计的构图原则——协调

设计最基本的是协调，应将所有的设计因素和原则，结合在一起去创造协调。

2. 室内空间设计的构图原则——比例

房间的大小和形状，将决定家具的总数和每件家具的大小，一个很小的房间，挤满重而大的家具，既不实用也不美观。在现代的室内，倾向于使用少量的、尺度相当小的家具，以保持空间的开阔、空透的面貌，同时也要避免在房间内的家具看来似乎无关紧要甚至消失。当一组家具具有统一的比例时，就感到舒适。

3. 室内空间设计的构图原则——平衡

当各部分的质量，围绕一个中心焦点而处于安定状态时称为平衡。平衡对视觉感到愉快，室内的家具和其他物体的“质量”，是由其大小、形状、色彩、质地决定的。所有这些，必须考虑使其适合于平衡，如果两物大小相同，但一为亮黄色，一为灰色，则前者显得重，粗糙的表面比光滑的显得重，有装饰的比无装饰的要重。

4. 室内空间设计的构图原则——韵律

迫使视觉从一部分自然地、顺利地巡视至另一部分时的运动力量，来自韵律的设计。在设计中产生韵律的方法有。

(1) 连续的线条。

一般房间的设计是由许多不同的线条组成的，连续线条具有流动的性质，在室内经常用于踢脚板、挂镜线、装饰线条的镶边，以及各种在同一高度的家具陈设所形成的线条，如画框顶和窗框的高度一致，椅子、沙发和桌子高度一致等。

(2) 重复。

通过线条、色彩、形状、光、质地、图案或空间的重复，能控制人们的眼睛按指定的方向运动，虽然垂线能令人眼睛上下看，但一组水平方向布置的垂线，却能使眼睛从这一边看到那一边，即沿着不是垂直的而是水平方向移动。

(3) 放射。

虽然岔开的线，不能有助于眼睛顺利地从设计的一部分到另一部分，但它们能创造出特殊的气氛和效果来。由中心发出的放射形，常在照明装置、结构杆件和许多装饰物中运用。

(4) 渐变。

通过一系列的级差变化，可使眼睛从某一级过渡到另一级，这个原则也可通过线条、大小、形状、明暗、图案、质地、色彩的渐次变化而达到。渐变比重复更为生动和有生气。运用渐变方法，或许利用陈设品比用大件家具更容易做到。色彩的渐变多用于某些织物，眼睛将从占优势的强调子向更柔和的调子运动。

(5) 交替。

任何因素均可交替，白与黑、冷与暖、长与短、大与小、上与下、明与暗等，自然界中的白天与夜晚、冬与夏、阴与晴的交替，斑马条纹的深浅的交替。这种交替所创造的韵律，是十分自然生动的。在有规律的交替中，意外的变化也可造成一种不破坏整体的统一而独特的风格，例如当黑白条纹交替时，突然出现二条黑条纹，它提供了有趣的变化而不影响统一。

(6) 重点。

室内的一切布置，如果非常一般化，就会使人感到平淡无味，不能使人获得深刻的印象和美好的回忆。如果根据房间的性质，围绕着一种预期的思想和目的，进行有意识的突出和强调，经过周密的安排、筛选、调整、加强和减弱等一系列的工作，使整个室内主次分明，重点突出，形成一般所谓视觉焦点或趣味中心。

课题2.3

室内各界面的造型设计

● 学习目标

了解室内各界面的特点；掌握地面、顶面、墙面的造型设计方法，并能在实际工程中灵活运用。

● 学习任务

（1）地面的造型设计。

（2）顶面的造型设计。

（3）墙面的造型设计。

● 任务分析

室内各个界面的造型设计是配合空间的划分和组织进行细部的处理和整个环境的气氛渲染，能让整个空间更精致、更完美，使空间更具人性化。

天花、地面、墙面的处理空间是由面围合而成的，一般的建筑空间多呈六面体，这六面体分别由天花、地面、墙面组成，处理好这三种要素，不仅可以赋予空间以特性而且还有助于加强它的完整统一性。

天花和地面是形成空间的两个水平面，天花是顶界面，地面是底界面。地面的处理比较简单，天花的处理则比较复杂。这是由于天花和结构的关系比较密切，在处理天花时不能不考虑到结构形式的影响。另外，天花又是各种灯具所依附的地方，在一些设备比较完善的建筑中，还要设置各种空调系统的进、排气孔，这些在天花的设计中都应给予妥善地处理。天花的处理虽然不可避免地要涉及到很多具体的细节问题，但首先应从建筑空间整体效果的完整统一出发，才能够把天花处理好。

2.3.1 地面的造型设计

地面，作为空间的底界面，也是以水平面的形式出现的。由于地面需要用来承托家具、设备和人的活动，并且又是借助于人的有限视高来看它的透视，因而其显露的程度则是有限的。从这个意义上讲地面给人的影响要比天花小一些。

地面处理多用不同色彩的大理石、水磨石、马赛克等拼嵌成图案以起装饰作用。地面图案设计大体上可以分为三种类型：一是强调图案本身的独立完整性；二是强调图案的连续性和韵律感；三是强调图案的抽象性。第一种类型的图案不仅具有明确的几何形状和边框，而且还具有独立完整的构图形式。这种类型很像地毯的图案，和古典建筑所具有的严谨的几何形状的平面布局可以协调一致。近现代建筑的平面布局较自由、灵活，一般比较适合于采用第二种类型的图案。这种图案较简洁、活泼，可以无限地延伸扩展，又没有固定的边框和轮廓，因而其适应性较强，可以与各种形状的平面相协调。

国外有些新建筑，采用抽象图案来做地面装饰，这种形式的图案虽然要比地毯式图案的构图自由、活泼一些，但要想取得良好的效果，则必须根据建筑平面形状的特点来考虑其构图和色彩，只有使之与特定的平面形状相协调一致，才能求得整体的完整统一。图 2–3–1 为瑞士联合利华总部办公室的地面处理。

为了适应不同的功能要求可以将地面处理成不同的标高，巧妙地利用地面高差的变化，有时也会取得良好的效果。

图 2–3–1　瑞士联合利华总部办公室

2.3.2　顶面的造型设计

天花，作为空间的顶界面，最能反映空间的形状及关系。有些建筑空间，单纯依靠墙或柱，很难明确地界定出空间的形状、范围以及各部分空间之间的关系，但通过天花的处理则可以使这些关系明确起来。另外，通过天花处理还可以达到建立秩序，克服凌乱、散漫，分清主从，突出重点和中心等多种目的。图 2–3–2 为波兰 PKO 私人银行天花效果。

图 2–3–2　波兰 PKO 私人银行

通过天花处理来加强重点和区分主从关系的例子很多。在一些设置柱子的大厅中，空间往往被分隔成为若干部分，这些部分本身可能因为大小不同而呈现出一定的主从关系。若在天花处理上再做相应的处置，这种关系则可以得到进一步加强。

处于建筑空间上部的天花，特别引人注目，透视感也十分强烈。利用这一特点，通过不同的处理有时可以加强空间的博大感；有时可以加强空间的深远感；有时则可以把人的注意力引导至某个确定的方向。

天花的处理，在条件允许的情况下，应当和结构巧妙地相结合。例如在一些传统的建筑形式中，天花处理多是在梁板结构的基础上进行加工，并充分利用结构构件起装饰作用。近现代建筑所运用的新型结构，有的很轻巧美观，有的其构件所组成的图案具有强烈的韵律感，这样的结构形式即使不加任何处理，就可以成为很美的天花。

2.3.3　墙面的造型设计

墙面也是围成空间的要素之一。墙面作为空间的侧界面，是以垂直面的形式出现的，对人的视觉影响是至关重要的。在墙面处理中，大至门窗，小至灯具、通风孔洞、线脚、细部装饰等，只有作为整体的一部分而互相有机地联系在一起，才能获得完整统一的效果。

墙面处理，最关键的问题是如何组织门窗。门、窗为虚，墙面为实，门窗开口的组织实质上就是虚实关系的处理，虚实的对比与变化则往往是决定墙面处理成败的关键。墙面的处理应根据每一面墙的特点，有的以虚为主，虚中有实；有的以实为主，实中有虚。应尽量避免虚实各半平均分布的处理方法。

墙面处理，还应当避免把门、窗等孔洞当做一种孤立的要素来对待，而力求把门、窗组织成为一个整体——例如把它们纳入到竖向分割或横向分割的体系中去，这一方面可以削弱其独立性，同时也有助于建立起一种秩序。在一般情况下，低矮的墙面多适合于采用竖向分割的处理方法；高耸的墙面多适合于采用横向分割的处理方法。横向分割的墙面常具有安定的感觉，竖向分割的墙面则可以使人产生兴奋的情绪。图 2-3-3 为伦敦 Youtube 办公室的墙面处理。

图 2-3-3　伦敦 Youtube 办公室

除虚实对比外，门窗与墙面的重复、交替出现还可以产生韵律美。特别是将大、小窗洞相间排列，或每两个窗成双成对的排列时，这种韵律感就更为强烈。

通过墙面处理还应当正确地显示出空间的尺度感。也就是使门、窗以及其他依附于墙面上的各种要素，都具有合适的大小和尺寸。过大或过小的内檐装修，都会造成错觉、歪曲空间的尺度感。

课题2.4
项目任务：单元式办公空间设计

● **学习目标**

掌握办公空间的设计方法及要点；能够熟练绘制平立面布置图；能熟练完成项目任务：单元式办公空间设计。

● **学习任务**

（1）住宅空间设计。

（2）办公空间案例赏析。

（3）办公空间设计实训。

● **任务分析**

办公空间设计的设计难度要比住宅空间设计大一些，通过循序渐进的学习，学生的学习内容从居住空间转向公共空间，为后续的其他公共空间设计打下了坚实的基础。

办公空间案例赏析

项目名称：办公室的重新装修

项目地点：美国俄勒冈州波特兰市

设计：Boora Architects

办公空间的分布整齐有序且颇具人情味，时尚的靓色软装功不可没。旧工业与时尚的结合正是 FINE 办公空间的特色，柔和的灯光不至于让人的心情烦躁。方案设计图具体如图 2-4-1 ~ 图 2-4-10 所示。

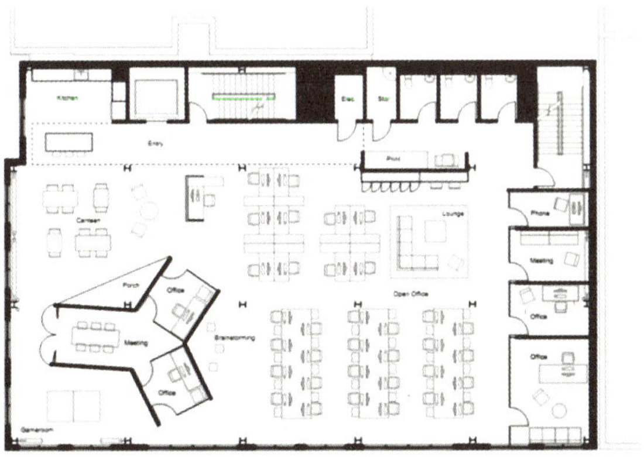

图 2-4-1　办公空间平面图

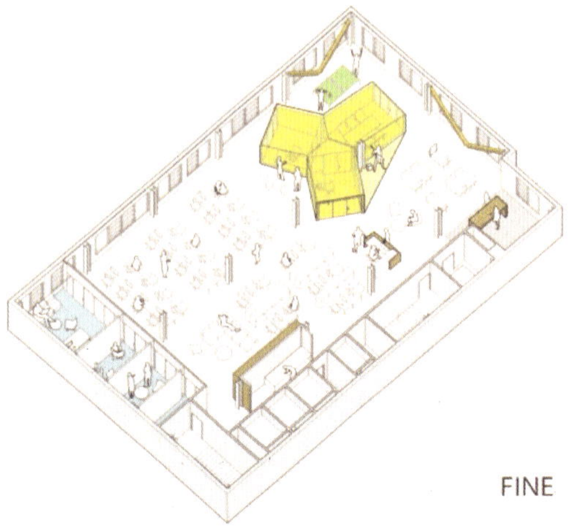

图 2-4-2　办公空间轴测图

图 2-4-3　效果图（一）

图 2-4-4　效果图（二）

图 2-4-5　效果图（三）

图 2-4-6　效果图（四）

图 2-4-7　效果图（五）

图 2-4-8　效果图（六）

图 2-4-9　效果图（七）

图 2-4-10　效果图（八）

实训　某建筑装饰设计工作室设计案例

命题原因：伴随着 IT 时代的到来和人们生活工作行为方式的改变，如今办公模式、办公理念和办公组织形式从内容到形式发生了一系列的变化，给办公空间的设计注入了新的活力。将现代人的“工作与生活”结合起来，二者合一融于同一空间之内，是现代办公室空间类型的重要组成形式。因此将一套公寓设计为办公空间作为一个训练任务命题，对培养建筑装饰设计师创造一个舒适、高效的工作环境有很强的针对性。

1. 任务目标

通过某建筑装饰设计工作室设计，培养学生独立完成一定规模的办公空间室内设计项目能力；了解装饰设计工作室室内设计环境分析，通过分析指定平面图中的建筑空间，综合运用所学知识来设计、组织所给的平面，从中理解装饰设计工作室室内设计的内涵；了解草图、方案图纸、设计手册的制作方法，为设计综合性的办公空间打下扎实的基础。

2. 设计条件

（1）空间如图 2-4-11 所示，考察时注意建筑周围的环境与内部的详细尺寸、结构、水电设施、采光通风等条件，并分析其利弊。

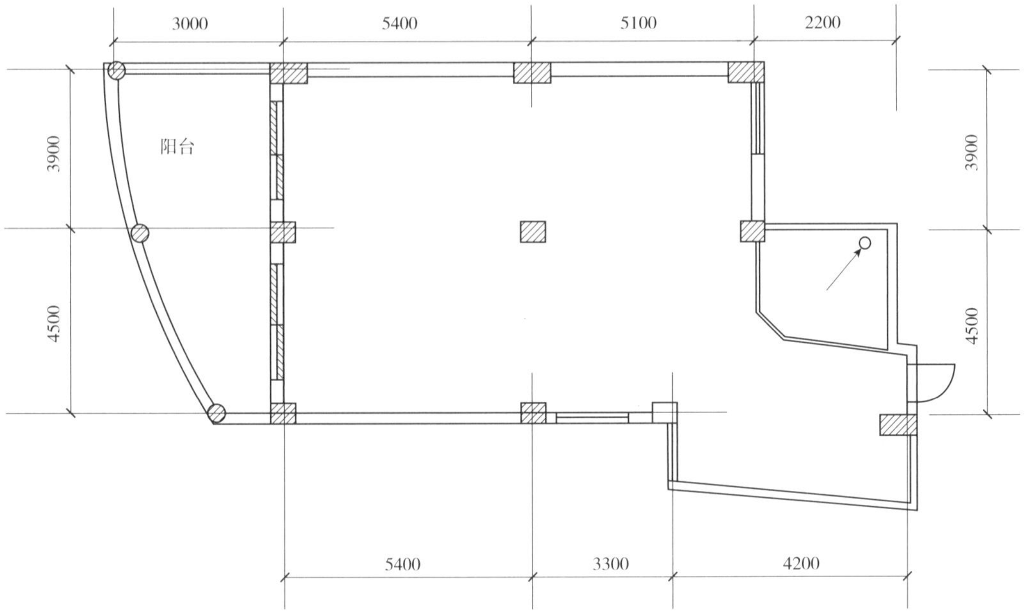

图 2-4-11　办公空间框架图

（2）使用者：业主从事的是建筑装饰设计，需要有一定的工作人员在工作室。也可以假设一位有特定年龄、身份、喜好的人，并对他（她）的要求作详细分析。

（3）造价：总造价（包括所有内部设施、材料、人工等）约 10 万元，根据有限造价了解材料市场，选择恰当的装饰材料。

3. 设计要求

（1）实施方式。

学生 4 人一组，相互协作、交流、评价、学习，小组成员各自独立完成完整的设计内容。

（2）完成内容。

1）文件。

文件内容：编制工作计划与课外学习计划、编制客户需求调查表、编写装饰材料调查表。

文件型号：A4 纸竖版。

文件格式：自行设计。

2）资料。

资料内容：临摹会议室效果图与公司接待处效果图各一份、收集设计资料（室内可能包含的内含物图片或手绘图、制图标准等）。

资料形式：书籍、图片、电子文件、速写本等。

3）图纸。

图纸内容：设计草图若干、设计手册（包括功能平面图、顶棚平面图、立面图、透视效果图、方案施工图、设计说明、封面、封底）。

图纸型号：A3 图纸。

表现方式：手绘。

（3）完成时间。

约 6 课时。

4. 评价要点

注重设计过程与设计成果中学生综合能力的评价；注重自评、互评、教师评、客户评（虚拟）；注重功能的合理性、图纸的规范性、构思的创意性、表现的艺术性等方面的全面评价。

模块 3 | 大型专卖店设计

课题3.1
室内光环境设计

● 学习目标

掌握室内光环境设计基础知识；营造合理的室内光环境；掌握顶棚图中照明部分的设计。

● 学习任务

室内光环境设计。

● 任务分析

光线作为人与空间的主要媒介，具有物理、生理、心理、美学等综合作用。室内光环境不但是进行生活的必要条件，同时，也是构成的视觉美学的基本要素。它能直接影响到室内环境的使用功能、空间气氛和艺术效果，是室内空间设计的重要组成部分。把光环境作为一个专门的课题来研究，对整个空间环境的设计及后续内容的学习有重要作用。

3.1.1 采光与照明设计的基本概念

1. 照度

照度是指入射到受照表面单位面积上的光通量的数值，它表示被照面单位面积上被照射的程度，单位为勒克斯（lx）。照度是一个在光学中常用的概念，无论是天然采光还是人工照明，首先都需要考虑照度的要求。

照度的不足，将导致人眼视力下降以及头晕等心理或生理不适，会使记忆力下降，思考能力下降，不利于提高工作效率。照度过度，容易造成视觉疲劳，对身体不利。合适的照度应该是：即使人们长期工作也不会因为照度不适而产生疲劳。不同类型的空间对照度的要求不同。应根据工作、生产的特点和作业对视觉的要求确定照度，对于公共建筑物还要根据其用途考虑各种特殊要求。如商场，除要求工作面适当的水平照度外，还要有足够的空间亮度，给顾客一种明亮感和兴奋感，不同商品销售区，要求有不同照度，以渲染促销重点商品。又如宾馆等建筑，常常运用照明来营造各种气氛。像体育竞赛场馆，更需要很高的垂直面照度或半柱面照度，以满足彩色电视转播的要求及观众观看的清晰和舒适感。

根据这样的照度要求，对不同类型的工作制定了相应的照度标准，如表3-1-1所示。

表3-1-1 照度标准表

照度范围（lx）	作业和活动类型
20～30～50 50～70～100	室外入口区域、交通区、简单地判别方位或短暂逗留
100～150～200	非连续工作用的房间，例如工业生产监视、储藏、衣帽间、门厅等
200～300～500	有简单视觉要求的作业，如粗糙的机加工、讲堂等
300～500～750	有中等视觉要求的作业，如普机加工、办公室、控制室等
500～750～1000	有一定视觉要求的作业，如缝纫、检验和试验、绘图室等

续表

照度范围（lx）	作业和活动类型
750 ~ 1000 ~ 1500	连续时间长且有粗细视觉要求的作业，如精密加工和装配、颜色辨别工作等
1000 ~ 1500 ~ 2000	有特殊视觉要求的作业，如手工雕刻、很精细的工作检验等
> 2000	完成很严格的视觉作业，如微电子装配、外科手术等

2. 亮度

指反光体或被照面通过反射或折射作用在单位面积上的发光强度。光的亮度与物体的固有色彩和表面的光滑程度有关，单位为坎德拉 / 平方米（cd/m^2）。亮度取决于照度、物体表面的反射率、观察角度、周围环境以及视觉感受等因素，某些灯具也可以通过调光器对亮度进行调节。光的亮度主要是对人的心理产生影响，较亮的光线容易让人的精力集中或兴奋，较暗的光线会使人压抑或保持镇静。通过对光的亮度控制，可以制造空间的变化与层次感，使需要突出的区域得到强调。如商场里售卖商品的区域，强度较大的光线能够吸引顾客的注意力。而商场的过道区域亮度相对较低，使整个空间主次分明，重点突出，呈现出良好的光环境效果。

3. 灯光源的颜色特性

（1）显色性。

人工光源照射到物体上时能确定物体色的可见度的特性，称为这个光源的显色性。如果各色物体受照射的效果和标准光源（黑体或标准昼光）照射时一样，则认为该光源的显色性好（显色指数高）。反之，如果物体在受照后颜色失真则该光源的显色性差（显色指数低）。光源的显色性，取决于光源的光谱能量分布，对有色物体的颜色外貌有显著影响，国际照明委员会（CIE）用一般显色指数 Ra 作为表示光源显色性能的指标，Ra 的理论最大值是 100。住宅、旅馆、餐厅等场所常使用显色指标 Ra ≥ 90。

（2）色温。

当黑体加热到某一温度时所发生的光色与给定的光源的颜色相同，这时，黑体的温度就是光源的颜色的温度，简称色温（K 表示绝对温度）。

一般情况下，色温值大于 5000K 的为冷色温，如荧光灯、白昼光。色温值在 3300 ~ 5000K 为中间色温。色温值小于 3300K 为暖色温，如白炽灯光源。低色温的光在较低的照度下使人感到愉快，而在高照度下则使人感到过于刺激。高色温的光在低照度下使人感到阴沉昏暗，而在高照度下则感到愉快。

4. 眩光及控制眩光

（1）眩光。

人脑把进入眼睛的光刺激转化为整体经验的过程称为视知觉。它是对客观事物的整个形象的反映。在视野内有亮度极高的物体或强烈的亮度对比，就可引起不舒适感，并造成视觉降低的现象称为眩光。它是一种视觉条件不是光线。如果光源、灯具、窗子和其他区域的亮度比室内一般环境的亮度高得多，人们就会感受到眩光。

（2）灯具产生眩光的主要因素。

1）光源的亮度和大小。

2）光源在视野内的位置、观察者的视线方向。

3）照度水平和房间表面的反射比等诸多因素。

其中光源（灯或窗子）的亮度是最主要的。

（3）控制不舒适眩光。

眩光产生不舒适感，严重的还会损害视觉功效，所以工作房间必须避免眩光干扰。避免的办法是降低光源的亮度、移动光源位置和隐蔽光源，当光源处于眩光区之外，即在视平线上 45° 之外，眩光不严重。

原则上在工厂、办公楼、学校、医院等照明场合，要严格控制眩光。而在舞厅、酒吧、客厅里，则可以用适当的眩光来造成气氛照明。

3.1.2 室内照明方式与种类

1. 按照照明区域分类

照明方式是指照明设备按其安装位置或使用功能而构成的基本形式。一般情况下，照明可分为以下几种：一般照明、分区一般照明、局部照明、混合照明。

（1）一般照明。

灯具比较规则布置在整个场地的照明方式称为一般照明。一般照明可使整个场地都能获得均匀的水平照度，适应于工作位置密度很大而对光照方向无特殊要求的场所。如仓库、某些车间、办公室、教室、会议室、候车室、营业大厅等（见图 3-1-1）。

（2）分区一般照明。

根据不同区域对照度要求不同的需要，分区采用一般照明的布置方式。如工作区照度要求比较高，灯具可以集中布置均匀，提高其照度值，其他区域可采用原来一般照明的布置方式。如车间的组装线、运输带、检验场地等均属此类。

（3）局部照明。

为满足某些部位的特殊光照要求，在较小范围内或有限空间内，采用辅助照明设施的布置方式。如商店橱窗内的射灯、卧室内的台灯等（见图 3-1-2）。

图 3-1-1　一般照明

图 3-1-2　局部照明

下列情况宜采用局部照明。

1）局部地点需要高照度或照射方向有要求时。

2）由于遮挡而使一般照明照射不到的范围。

3）需要克服工作区及其附近的光幕反射时。

4）需要削减气体放电光源所产生的频闪效应的影响时。

5）视功能降低的人需要有较高的照度时。

但在整个工作场所或一个房间中，不应只装设局部照明而无一般照明，因为这样会形成亮度分布不均匀而影响视觉功能。

（4）混合照明。

有一般照明和局部照明共同组成的照明布置方式，是在一般照明的基础上再加强局部照明，有利于提高照度和节约能源。

混合照明适宜于照度要求高、对照射方向有特殊要求、工作位置密度不大而采用单独设置一般照明不合理的场所。常用于商场、展览馆、医院、体育馆、车间等（见图 3-1-3）。

2. 按照光照形式分类

按光照的形式不同可分为：直接照明、间接照明、混合照明。

（1）直接照明。

光线通过灯具射出，其中 90% ~ 100% 的光通量到达假定的工作面上，这种照明方式为直接照明。具有强烈的明暗对比，并能造成有趣生动的光影效果，可突出工作面在整个环境中的主导地位，但是由于亮度较高，应防止眩光的产生（见图 3-1-4）。

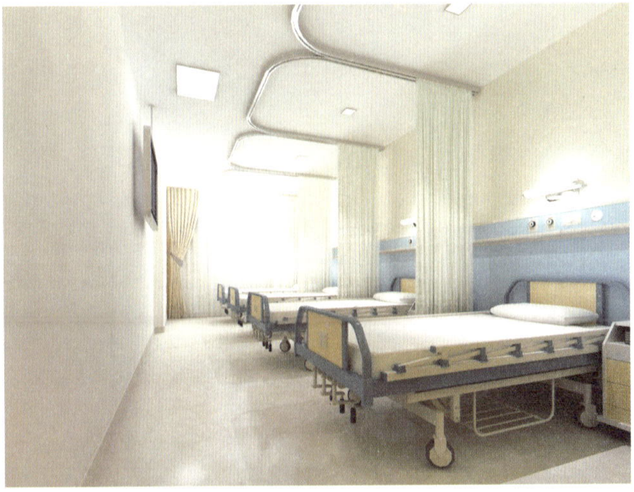

图 3-1-3　混合照明

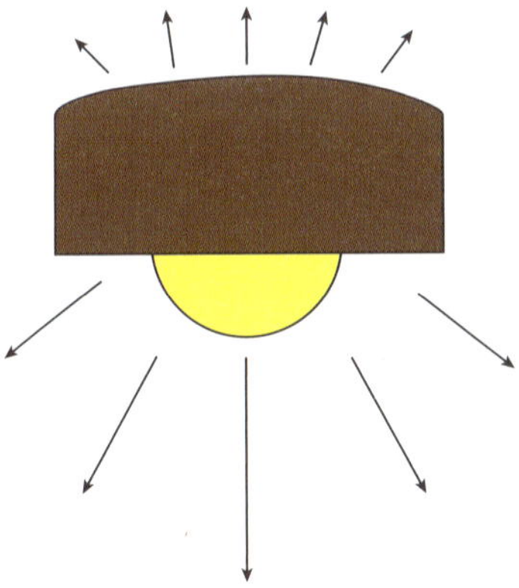

图 3-1-4　直接照明

（2）半直接照明。

半直接照明方式是半透明材料制成的灯罩罩住灯泡上部，60% ~ 90% 的光线使之集中射向工作面，10% ~ 40% 被罩光线又经半透明灯罩扩散而向上漫射，其光线比较柔和。这种灯具常用于较低的房间的一般照明。由于漫射光线能照亮平顶，使房间顶部高度增加，因而能产生较高的空间感（见图 3-1-5）。

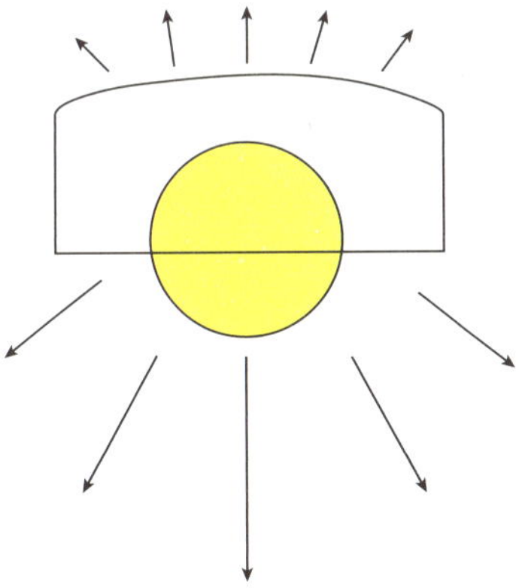

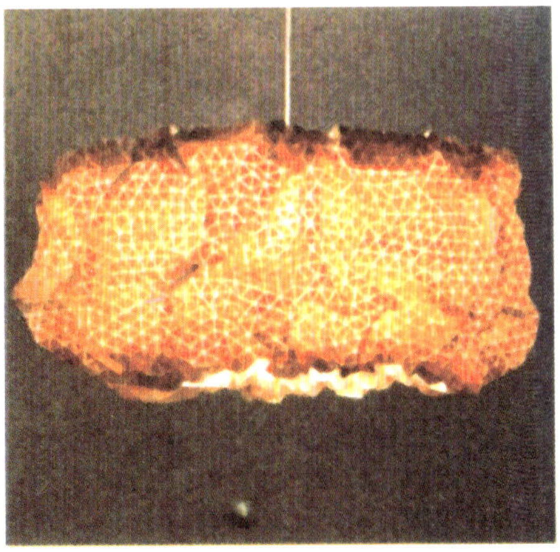

图 3-1-5　半直接照明

图 3-1-6　间接照明

（3）间接照明。

间接照明方式是将光源遮蔽而产生的间接光的照明方式，其中 90% ~ 100% 的光通量通过天棚或墙面反射作用于工作面，10% 以下的光线则直接照射工作面。通常有两种处理方法，一是将不透明的灯罩装在灯泡的下部，光线射向平顶或其他物体上反射成间接光线；一种是把灯泡设在灯槽内，光线从平顶反射到室内成间接光线。这种照明方式单独使用时，需注意不透明灯罩下部的浓重阴影。通常和其他照明方式配合使用，才能取得特殊的艺术效果（见图 3-1-6）。

（4）半间接照明。

半间接照明方式，恰和半直接照明相反，把半透明的灯罩装在灯泡下部，60% 以上的光线射向平顶，形成间接光源，10% ~ 40% 部分光线经灯罩向下扩散。这种方式能产生比较特殊的照明效果，使较低矮的房间有增高的感觉。也适用于住宅中的小空间部分，如门厅、过道等，通常在学习的环境中采用这种照明方式，最为适宜（见图 3-1-7）。

图 3-1-7　半间接照明

（5）漫射照明。

漫射照明方式，是利用灯具的折射功能来控制眩光，将光线向四周扩散漫散。这种照明大体上有两种形式，一种是光线从灯罩上口射出经平顶反射，两侧从半透明灯罩扩散，下部从格栅扩散。另一种是用半透明灯罩把光线全部封闭而产生漫射。这类照明光线性能柔和，视觉舒适，适于卧室（见图 3-1-8）。

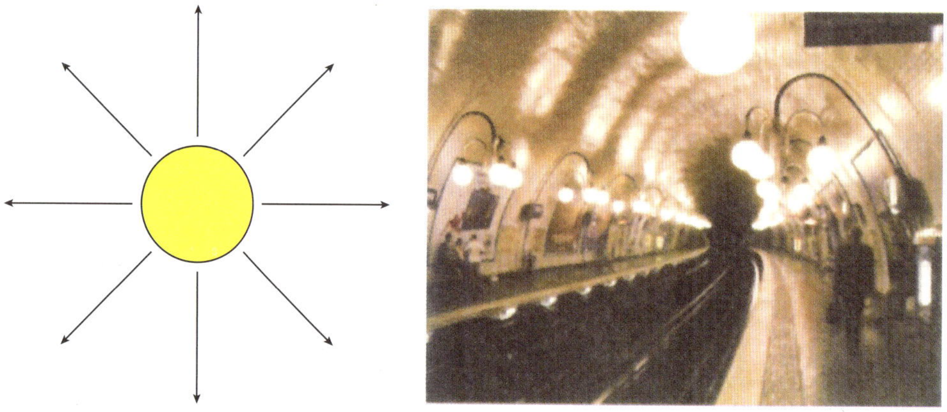

图 3-1-8　漫射照明

3.1.3　室内照明常用灯具

1. 室内常用的光源类型

人工照明的光源主要有白炽灯、荧光灯、卤钨灯、氖管灯、高压放电灯等类型。在住宅和公共建筑中所使用的人工光源主要是白炽灯和荧光灯。

（1）白炽灯。

最普通的灯具类型，是重要的点光源，加装灯罩后可作为聚光灯（见图 3-1-9）。发光的方法是利用电流通过的钨丝被加热到白炽状态而发光。

具有造价低廉、色彩品种多、色光接近太阳光、易于进行光学控制并可适合各种用途等优点，但光效率较低、寿命较短。

图 3-1-9　白炽灯

白炽灯的特点如下。

1）有高度的集光性，便于光的再分配。

2）适于频繁开关，点灭对性能及寿命影响小。

3）辐射光谱连续，显色性好。

4）使用安装简单方便。

5）色温在 2700 ~ 2900K，适用于家庭、旅馆、饭店以及艺术照明、信号照明、投光照明等。

6）白炽灯发出的光与自然光相比较呈橙红色。

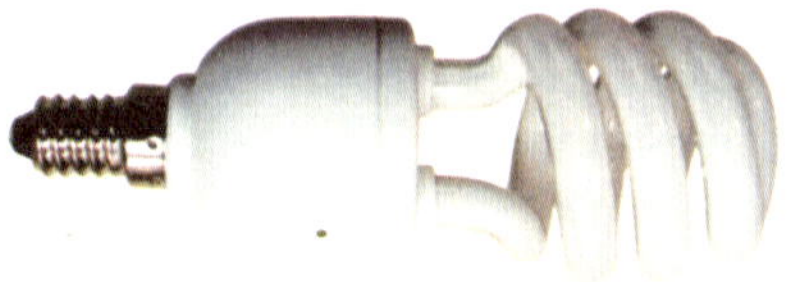

图 3-1-10　荧光灯

（2）荧光灯。

荧光灯是一种预热式低压汞蒸气放电灯，主要是由灯管、电极及附件组成（见图 3-1-10）。和白炽灯相比，荧光灯光效高、寿命长、光色和显色性好等优点。荧光灯发光的颜色取决于在灯管内侧的磷光体涂层，有日光色、暖白色、蓝色、黄色、绿色、白色和粉红色等。

荧光灯的特点如下。

1）寿命长：灯管寿命可达 3000h 以上，平均寿命约比白炽灯大 2 倍。

2）点燃迟：荧光灯通电后需经过 3 ~ 5s 才能发光。

3）造价高：荧光灯的一次性投资和维护费用比白炽灯高许多。

4）有霎光效应：不能频繁开闭，启动次数对管寿命有很大影响，荧光灯的寿命在很大程度上取决于它的启动次数。

5）受环境温度的影响大：荧光灯光通量随周围温度高低而增减，而且灯管启动也受环境温度和湿度的影响，当环境温度低于 15℃时，启动就困难，当低于 -5℃时便无法启动，最合适的环境温度为 18 ~ 25℃。

6）光线柔和：灯管发光面积大，亮度高，眩光小，不装散光罩也可使用。

7）光谱成分好：可由不同的荧光粉调和成各种不同的颜色，以适应不同场所的需要。

2. 室内常用的照明灯具类型

（1）台灯、地灯。

是以某种支撑物来支撑光源，从而形成统一的整体，当运用在台面上时叫台灯，运用在地面上时叫地灯。

台灯和地灯在使用上有以下几种特点。

在一般情况下主要是作为一种功能性照明，如人们工作的台面照度不够，那么就加一盏台灯，以补充照明；房间内某处很暗，无法看清物体，这时加一盏地灯，就能解决问题，这些都是以满足使用上的要求而设置的。

台灯、地灯多数情况下都是可以移动的，所以可以根据使用的要求，把台灯、地灯移动到任何需要的地方，这也是这种灯型优于其他灯型的一大特点。

台灯、地灯还可以作为一种气氛照明或一般照明的补充照明。如某一空间只有一种照明光源，这时会形成一种呆板的光环境，给人一种死板、沉闷的感觉，如增加一盏或多盏台灯或地灯，就会使整个空间的气氛活跃起来，并能丰富空间的层次。同时一般照明或一种照明方式无法使空间内每个地方或每个角落都能有足够的照度，这时运用台灯、地灯进行补充照明，就会满足功能上的要求，同时又丰富了空间的层次。如在酒店的大堂里进行多种光源组合运用，一方面是要满足不同功能区域内的功能要求，另一方面也达到了一定的艺术效果。

图 3-1-11　台灯、地灯

台灯、地灯在使用上有广阔的使用空间，但是由于它与人比较接近，所以在安全处理上要特别注意，避免出现漏电或把人烫伤的情况。同时由于台灯、地灯的光源很低，在人的水平视线范围内，所以还要通过设计处理好眩光，避免给人刺眼的感觉（见图 3-1-11）。

（2）吊灯。

由某种连接物将光源固定于顶棚上的悬挂式照明灯具，叫吊灯。

吊灯在使用功能上有以下几种特征。

1）吊灯由于其安装的特点，是悬挂于室内上空中的，所以它的照明是具有广谱性，能使地面、墙面及顶棚都能得到均匀的照明，因此吊灯在一般情况下，主要用于空间内的平均照明，也叫一般照明，特别是在较大房间或大的厅堂内。需要得到轻松气氛的环境中，运用吊灯就更为重要，一方面它能使整个空间明亮起来，同时与局部照明或重点照明结合设计使用，也起到柔和光线、减少明暗对比的作用。

2）在室内设计中，我们更要注意它的另一个重要特性，就是装饰性。吊灯多安装于室内顶棚的中部，并悬吊于半空中，它所处的位置正是室内空间中心位置，另外它是以照明器的形式出现，是室内空间中最明亮的物体，所以它的造型和艺术形式在某种意义上就决定了整个空间环境的艺术风格、装修档次。

吊灯还能起到控制空间的高度、改善室内空间比例的作用。比如在很高的空间环境中，我们就要考虑吊灯的尺度及悬挂的高度，应使过高的空间变得比例适中，增加亲切感。同样在过大的空间中，我们就要考虑灯具的大小尺度，使灯具与整个空间的比例适合，以调整人在心理上对空间的概念（见图 3-1-12）。

图 3-1-12　吊灯

（3）吸顶灯。

是将照明灯具直接吸附在顶棚上的一种灯具。

吸顶灯在使用功能及特性上基本与吊灯相同，只是形式上有所区别。吸顶灯也同样具有广谱照明性，可作一般照明使用；吸顶灯同样具有重点装饰性的作用。与吊灯不同的是在使用的空间上有所区别，吊灯多用于较高的空间环境中，而吸顶灯则多用于较低的空间中。另外，也可以根据设计效果来决定使用吊灯或吸顶灯，如在较高的空间中也可使用吸顶灯，但灯体要长，才能达到理想的视觉效果（见图 3-1-13）。

图 3-1-13　吸顶灯

（4）壁灯。

安装于墙壁上的灯具叫壁灯。壁灯有以下几个特征。

1）壁灯具有一定的功能性，如在无法安装其他照明灯具的环境，就要考虑用壁灯来进行功能性照明，比如楼梯间内无法在顶棚安装灯具，而使用壁灯就能解决照明问题。再比如空间不规则的卫生间，也多采用壁灯进行照明的方法。另外在高大的空间内，吊灯无法使整个空间的每个角落都能得到足够的照明，这时选用壁灯来作为补充照明，就能解决照度不足的问题。

2）壁灯设计得当可以创造出理想的艺术效果。首先它可以通过自身造型产生装光环境，增强空间层次感，改善明暗对比。比如在大型多功能厅中，一般照明选吊灯或吸顶灯作为重点照明和主要装饰，这时单调的照明会使整个空间感觉很死板，同时单一的光线来源也使受光物体的明暗对比加强，这时如配合造型讲究、能产生柔和光线的壁灯，就会丰富室内光照的角度，改善死板的光照环境，使照度不足的地方得到适当的补充照明，并且也丰富了墙面装饰。

但是在设计过程中，由于壁灯安装的高度一般很低，所以要避免产生的眩光。一般情况下，应使用低功率的光源，同时对光源要进行遮挡（见图 3-1-14）。

（5）投射灯。

投射灯常设于天花或墙面，用以集中表现某些需要重点突出的物体和区域（见图 3-1-15）。

图 3-1-14　壁灯

图 3-1-15　投射灯

3. 建筑照明

（1）发光顶棚。

利用乳白色玻璃、磨砂玻璃、晶体玻璃等半透明漫射材料或格片作为吊顶的面层，内装以白炽灯或荧光灯为主的光源，即构成了发光顶棚。这种低亮度漫射型的照明装置主要特点是发光表面亮度低而面积大，照度均匀、光线柔和，无强烈阴影、无眩光。常用于会议室、商场等（见图 3-1-16）。

图 3-1-16　发光顶棚

发光顶棚的按面层材料不同大致可分为两种：一种是采用乳白色玻璃、磨砂玻璃、晶体玻璃等半透明漫射材料作为面层；另一种是采用格片作为面层。

发光顶棚的光源安装在夹层中间，夹层必须要有一定的高度，以便于在夹屋中对照明设备进行维修。

发光顶棚的光源常用白炽灯或荧光灯，由于荧光灯的发光效率高，散热少，发光面大，较易得到均匀的亮度，所以优先采用。

（2）嵌入式筒灯。

嵌入式筒灯是将筒灯嵌入吊顶中，光源不外漏，故能保持建筑装饰的整体统一和完美，不会因灯具的设置而影响吊顶艺术，嵌入式筒灯属于定向式照明灯具，有聚光和散光型两种，常用于大厅的补充照明和局部照明的加强（见图 3-1-17）。

（3）发光灯槽（光檐）。

发光灯槽是利用装饰构造对光源进行遮挡，使光投向上方或侧方，并通过反射光使室内得到照明的一种照明方式。发光灯槽的照明方式是间接照明方式，光线是反射光，所以在室内会得到柔和、均匀的光环境，通过发光灯槽的处理，会使顶部更具有层次感，同时顶棚被照亮，会使整个空间有增高的错觉。它可以做成一层，也可以做成多层（见图 3-1-18）。

发光灯槽所采用的光源多数为荧光灯，有时为达到特殊的艺术效果也可以采用白炽灯、霓虹灯及发光二极管等。

图 3-1-17　筒灯

图 3-1-18　发光灯槽

课题3.2
室内色彩与材料质地

● **学习目标**

掌握色彩在室内的搭配原则及方法；掌握装饰材料的基本性能及在室内的使用原则。

● **学习任务**

（1）色彩的基础知识。

（2）各空间内部色彩的选择与处理。

（3）装饰材料的合理选择。

● **任务分析**

色彩被誉为“最廉价的奢侈品”，它给人以最直观最强烈的感受，能快速地体现出设计效果，装饰材料则以自身不同的肌理质地体现着不同的装饰风格及特征，注重色彩及装饰材料的设计，对把握装饰的造型美感有重要意义。

3.2.1 色彩的基础知识

3.2.1.1 色彩的基础知识

1. 色彩的来源

自然界的物体尽管千姿百态，错综复杂，但由于它们都具有一定的形体和色彩，使我们能够准确地辨别它们。我们之所以能看到并能辨识物象的千差万别的形体和色彩，是由于受光线照射后，使光产生分解，一部分光线被物体吸收，另一部分光线折射出来，成为我们肉眼感觉到的物体色彩。如果在黑夜里，形体难辨，色彩也就无从谈起了。也就是说，借助于光，我们才能看到物体各种不同的色彩。色彩是光的产物，没有光就没有色彩。

英国物理学家艾萨克·牛顿（Isaac Newton，1642—1727），把太阳光透过小孔引进暗室射到三棱镜上，用三棱镜把太阳光分解成红、橙、黄、绿、青、蓝、紫七种色光，同雨后天空中的彩虹一样。这个事实表明，太阳光是通过这些色光的混合得来的，即七色光混合在一起，便成为白光。在七色光谱中，红光的波长最长，依次递减，紫光的波长最短。之所以中午阳光为白光，早晚阳光为红黄，是因为中午阳光中所有色光都能直射到地球表面上，而早晚阳光斜射，再加上大气层中尘埃所致，波长短的不能射到地球表面上，人们的眼睛也就无法看到这部分光波。

从光学原理上讲，我们的眼睛能看清自然界万物的色彩，不是物体本身的固有色，而是光源或物体反射光反映到我们视网膜的结果。不同的物体反射和吸收光波的波长不同，所呈现出的色彩就各异。所以光与色是不可分离的，色彩来源于光的作用。

2. 色彩三要素

色彩三要素就是指分别和比较各种颜色的三种标准和尺度即色相、明度、彩度。并把它们用来研究色彩的视觉效果。

（1）色相。

色相，即色彩的原貌。它反映不同色彩各自具有的品格，并以此区别各种色彩。通常所说的红、橙、黄、绿、青、蓝、紫等色彩名称就是色相的符号（见图 3-2-1）。

（2）明度。

明度，即色彩明暗的程度。不同色相的明暗程度是不同的光谱中的各种色彩，以黄色的明度为最高，由黄色向两端发展明度逐渐减弱。以紫色的明度为最低，处于光谱的边缘；同一色相的色彩，由于受光强弱不一样，明度也不同，如同为红色就有浅红、明红、暗红等区别。

没有明度关系的空间，就会显得浅平，加入明暗的变化，才可展示色彩的视觉冲击力和丰富的层次感。如房间中的天、地、墙不同面的处理，就要考虑明度黑、白、灰的关系使空间中的物体显示清晰、明快的调子（见图 3-2-2）。室内色彩中明度变化主要表现在三个方面。

1）同一色相因光源的远近、强弱和家具投影、物的起伏变化而造成的明度差异。

2）同一色相混入不同比例的黑、白、灰而形成的不同明度的变化。

3）在同等光源下，不同的色相由于自身的明度差而形成的变化。

图 3-2-1　三原色为核的十二色相环

图 3-2-2　明快调子的室内

（3）纯度。

纯度，即色彩的饱和程度，也指颜色的纯净程度。当色素含量达到饱和程度时，该色彩的特性才能充分地被显示。标准色的纯度为最高，因为它既不掺白也不掺黑。在标准色中加白，纯度降低而明亮度提高。在标准色中加黑纯度降低，明度也降低。在日常生活中人们常说某色鲜艳夺目，其实就是它的纯度高；说某色混浊不清，就是它的纯度低。

3. 色彩的混合

1）原色：物体的颜色是多种多样的，大多数颜色都能用红、黄、蓝三种颜色调配出来。所以红、黄、蓝三种颜色称为三原色或第一次色，三原色不能用其他颜色调配出来。

2）间色：由两种原色调配而成的颜色称为间色或第二次色，共三种，即橙 = 红 + 黄；绿 = 黄 + 蓝；紫 = 红 + 蓝。

3）复色：由两种间色调配而成的颜色称为复色或第三次色，主要复色也有三种，即橙绿 = 橙 + 绿；橙紫 = 橙 + 紫；紫绿 = 紫 + 绿。每一种复色中都同时含有红、黄、蓝三种原色，因此，复色也可以理解为是由一种原色和不包括这种原色的间色调成的。改变三原色在复色中所占的比例，可以调出众多的复色。与间色和原色比较，复色含有灰的因素，所以较混浊。

4. 色彩的心理感受

对不同的色彩，人们的视觉感受是不同的。充分利用色彩的调节作用，可以重新“塑造”空间，弥补居室的某些缺陷。改善空间环境。

色彩可以产生冷暖、远近、轻重、大小等感受。

(1)色彩的冷暖感。

蓝绿色使人感到凉爽，黄红色使人感到温暖。色彩的这种情感作用，可以称为色彩的冷暖感。色彩的冷暖感主要由色彩的色相决定的。

我们通常根据色彩的冷暖感将色彩分成冷色和暖色。

暖色能补偿光线不足，因而可用改变朝北或者较阴冷的居室的情调；而冷色恰恰可使闷热的居室感觉上更趋暖和舒服。易于受到周期性强光的照射而光线不断变化的居室，最好是选用白色与浓重的颜色经混合而形成的中性色。随着光线的变化，这种色彩会呈现不同的淡色调，不断调整改变人们对色彩的感受，轻松而惬意。

(2)色彩的距离感。

色彩可以使人感觉进退、远近的不同，一般而言暖色系和明度高的色彩具有前进、凸出、接近的效果，而冷色系和明度较低的色彩具有后退、凹进、远离的效果。

浅亮的色彩能够造成一种开阔感，使居室显得更为宽敞；而深暗的色彩则把各个墙面拉近，使居室看上去更趋小巧舒适。鲜艳的色彩会令人欢愉振奋，而深沉的色调定会给居室造成忧郁感。

(3)色彩的分量感。

色彩的分量感主要是由它们的明度决定的，一般来说，高明度色使人感到轻松，而低明色度使人感到沉重。

色彩的重量感主要取决于明度和纯度，明度高的显得轻，如粉红、浅绿色。明度低的显得重，如黑色、熟褐等。

(4)色彩的尺度感。

暖色和明度高的色彩具有扩散作用，因此物体显得大。

冷色和暗色则具有内聚作用，因此物体显得小。运用色彩的尺度感可有效地调节空间环境，举例如下。

房间狭长——要弥补这一缺陷，在两堵短墙上所用的色彩应比两堵长墙深暗些，即短墙要用暖色，而长墙要用冷色，因为暖色具有向内移动感。

空间太小且过于方正——要改变这种状况，扩大视觉空间，可满地铺设色彩深浅适中的较为柔和的中性色地毯，墙面用较地毯淡的色彩。墙顶用白色，而门框及窗框采用与墙面相近或相同的色彩可有效的调节空间感受。

顶棚太高——要降低顶棚的视觉高度，可用较墙面温暖、深浓的色彩来装饰顶棚。但要注意色彩不要太暗，以免使顶棚与墙面形成太强烈的对比，造成使人有顶过于下压的错觉。

顶棚太低——在这种情况下，顶棚的颜色最好用白色，或比墙面淡的色彩，以在视觉上提升顶棚。

3.2.1.2 室内色彩的调和

(1)单色调和。

单色设计只使用一种色相，但是可以提高或者降低色彩的明度(从高明度到低明度)，也可以提高或降低色彩的饱和度(从高饱和度到近似无彩色)加以变化(见图3-2-3)。白色、灰色、黑色和少量的其他色相的使用可以增加多样性，突出重点，并可以用来体现物体的自然质地和装饰风格。因此，即使使用一种基本的色相，选择的可能性也是多种多样的。单色设计具有和谐统一的效果，空间感和连续性突出，从而取得宁静平和的效果。单色设计主要缺点就是单调乏味，通过色相明度和纯度的多样性及形式、结构以及空间关系等因素的变化可以弥补这个缺陷。

(2)类似色调和。

类似色调和建立在同色系内两种或两种以上色彩的调和基础上。就是在色相环中90° 以内的色彩调和(见图3-2-4)。因此，假如普遍为蓝色，这些色彩可以是相互之间比较接近的蓝绿、蓝、蓝紫，也可以是相对比较独立的黄绿、蓝、红紫。和单色设计相比，类似色调和更富有变化和情趣。由于是同色系色彩，类似色调和自然体现出一种统一的效果。

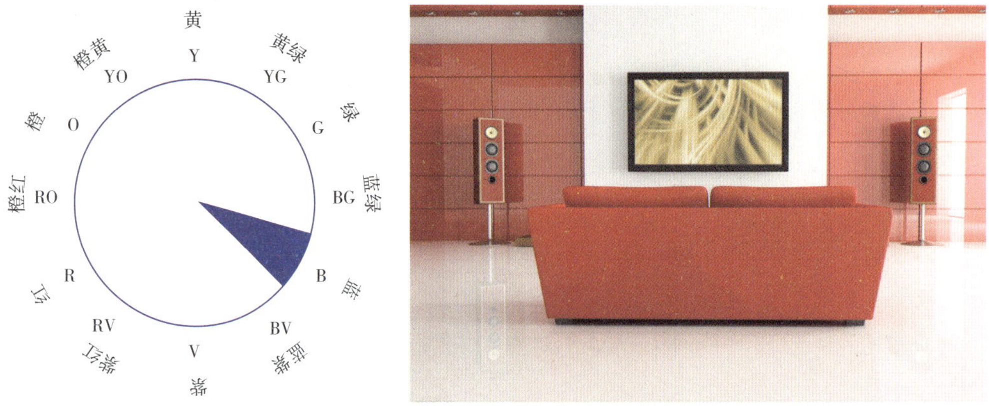

图 3-2-3　单色调和

图 3-2-4　类似色调和

（3）互补色调和。

互补色设计使用色相环上截然相反的颜色，如橙色和蓝色，或黄橙和蓝紫色（见图 3-2-5）。这种对比可以有多种选择，拿黄色和紫色来说，既可以是光彩夺目的金黄色与茄紫色互补，也可以是温和柔美的象牙色与紫水晶色互补，还可以是朴素庄重的深绿褐色与铁灰色互补。互补色设计体现了对立平衡（对立的颜色混在一起会形成无彩色）以及色相的冷暖平衡。互补色往往比相近的类似色要活泼一些，但是由于补色并置极易产生不安定感，因此必须借助明度和纯度的细致处理才可以达到美观而和谐的效果。

图 3-2-5　互补色调和

（4）双重互补色调和。

双重互补色调和作为互补色调和的一个延伸，采用两组互补色进行搭配（见图 3-2-6）。橙色和红橙色分别与它们的互补色蓝色和蓝绿色搭配。需要注意的是，橙色与红橙色，以及它们的互补色在色相环上都是分别相邻的。这一点很好理解，因为假如这些色相分开太远的话，就很难认出这种配色方案建立的基础色调了。

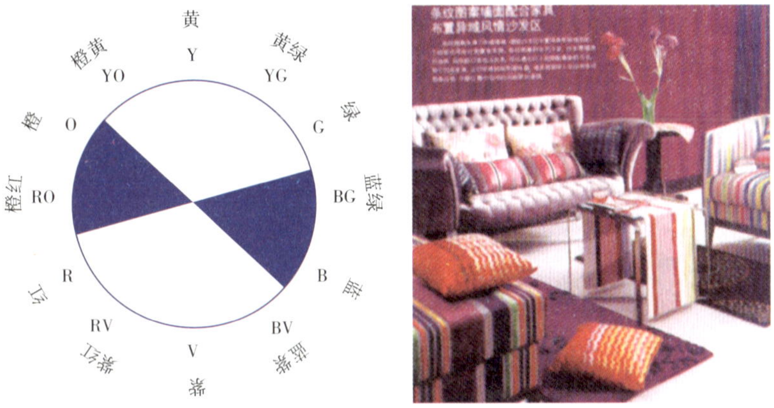

图 3-2-6　双重互补色调和

（5）分离互补色调和。

分离互补色调和是另一种建立与互补色调和的配色方案，它由任意色相与其互补色左右相邻近的两种色相组成，如黄色与蓝紫色及红紫色搭配（见图 3-2-7）。作为黄色的互补色，紫色分离为红紫色和蓝紫色。这种对照没有直接的互补色抢眼，但能增加趣味性与多样性。

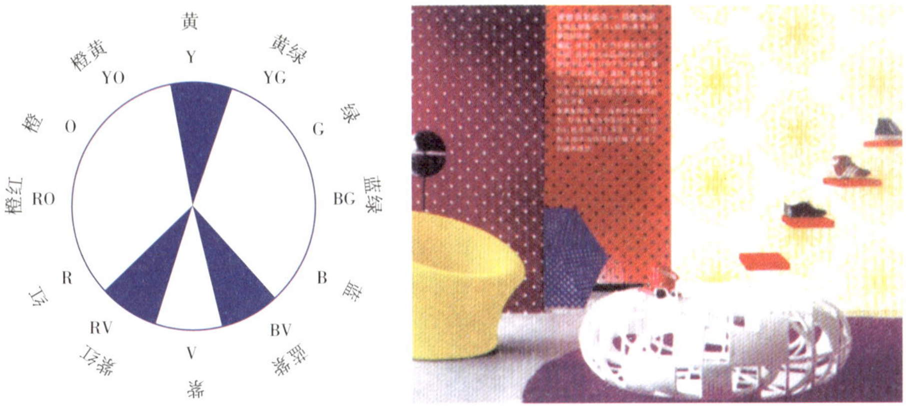

图 3-2-7　分离互补色调和

（6）三色对比调和。

三色对比调和是由在色环上形成等边三角形的三种颜色组合成的色调，如常用的黄、蓝、红三原色（见图 3-2-8）。这三种色彩组合在一起，给人的感觉强烈而刺激，适用于娱乐空间、儿童活动场所等的设计。有时也可以将这三种色彩的明度、纯度变化一下，这样也可以取得迷人的效果。例如将黄、蓝、红这三种色彩软化为柔和的玉米色、亮蓝色和玫瑰色，这种轻快的、娇嫩的色调，就适宜用于小女孩的房间。也可将这三种色彩变化为金色、靛蓝色和紫红色，这种色彩组合给人以优雅、华贵的感受。

（7）无彩色调和。

无彩色调是由无彩色的黑、白、灰色组成的色调。这种色调对人的吸引力相当强，而且也有利于突出陈设物体或周围环境的表现力，由贝聿铭设计的北京香山饭店就是这种色调的典型代表。通常在设计中，高明度的粉白色、米白色、灰白色以及每种高明度的色相，都可以认为是无彩色（见图 3-2-9）。

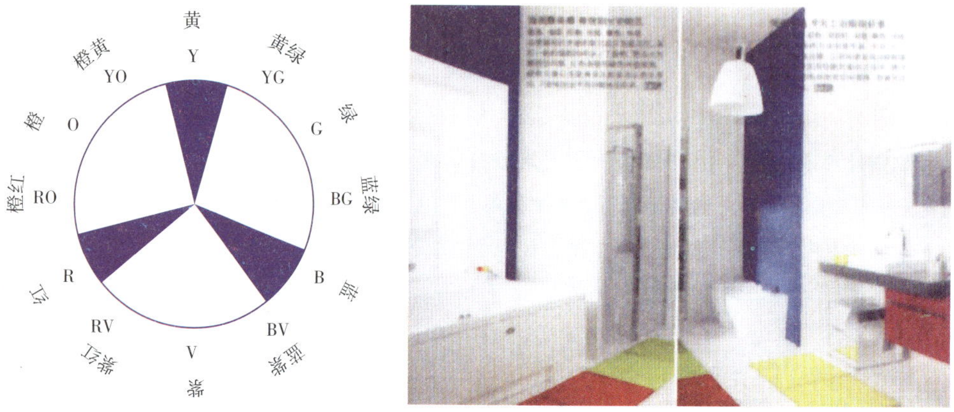

图 3-2-8 三原色调和

3.2.2 各空间内部色彩的选择与处理

图 3-2-9 无彩色调和

3.2.2.1 公共空间环境的色彩选择和处理

色彩在环境气氛的创造中是最敏感、最容易取得效果的手段，由于公共建筑要求空间在环境气氛上有比较强的特点和个性，因此，色彩设计对公共建筑空间环境气氛的创造尤为重要。当然，色彩的设计不是独立的，它是与空间形体、材料等综合在一起的，也就是说色彩设计的同时，除了考虑功能和精神因素外，也必须要协调和平衡空间的形体、材料的选择等因素。

（1）公共厅堂。

在宾馆等门厅、过厅、电梯厅、服务性场所等，一般要求环境气氛比较活跃、欢快，能给人们一个比较好的感觉和深的印象。所以公共厅堂空间色彩的变化可以多一些，以活跃环境气氛。门厅的色相多宜暖色，这样比较容易形成温和和欢快的气氛。明度也需要高一些，从室外到室内的光的明暗反差不可太大，从门厅再过渡到其他空间可以逐渐降低明度，以取得柔和、稳定的气氛。同一颜色，不同的材料给人的视觉感受会有比较大的差异，所以，厅堂的色彩还必须要结合装饰材料综合考虑（见图 3-2-10）。

（2）餐厅。

由于色彩会对人的生理、心理产生一定刺激作用，所以在餐厅的色彩设计中，可选择黄色或橙色。这两种颜色能够刺激神经系统和消化系统，使人产生活力，诱发食欲。用黄色或橙色作为餐厅的基调色可以使进餐成为一种享受，绿色和白色的搭配也可以创造清爽、新鲜、令人愉快的气氛（见图 3-2-11）。

图 3-2-10 某宾馆的公共厅堂

图 3-2-11 某餐厅的空间色彩

（3）商业建筑。

一般商业建筑空间的设计都强调色彩要热闹、欢快、醒目，色彩的变化要丰富，色相不要过于单一，饱和度也可以高些，这样能吸引人的注意，比较容易形成红红火火的气氛。当然，不同性质的商业空间也要具体分析，才能确定色彩的整体设计思想。譬如，超市的设计相对比较简洁，色彩较为统一，更主要的是突出商品（见图 3-2-12）。

图 3-2-12　某商场的钟表柜

3.2.2.2　居住空间环境色彩的选择和处理

居住空间环境是与人们最亲近、最能使人具有归属感的空间。由于居住空间属于个人或家庭的小范围，人的爱好、审美、观念等的差异导致居住空间有强烈的个性成分。尤其是随着近年来家庭住宅设计越来越趋向于个性化，居住空间的设计更难以一种标准或一种规范去解释，色彩设计也同样如此。

（1）起居室。

起居室是家庭的活动中心，也是最能体现主人性格的空间环境，是家庭居住空间的设计重点之一。从色彩上说，起居室在家庭环境里是比较活跃和欢快的地方，也是人相对比较集中的场合，所以设计上可以较其他空间明快些、热烈些。当然，色彩设计要与整体装饰风格相协调，如简约风格，可用白色为基调，结合家具、陈设品的一些变化，以使整个空间色彩形成整体而又有变化。

图 3-2-13　某卧室的空间与色彩设计

（2）卧室。

卧室的基本功能是提供休息和睡眠，所以，卧室的色彩设计应能体现安静、舒适、温和的环境气氛，让人在这放松的空间环境里得到休息。一般来说，卧室的色彩不宜太刺激，应尽量选择中低彩度和明度的颜色，不要用白色等高明度色，以免过于刺激眼睛，不利于睡眠。因此，卧室常用米色、浅棕色、灰绿或灰蓝色等（见图 3-2-13）。

（3）餐厅。

餐厅宜用比较清洁的色彩，如白色与黑色搭配，或浅灰色、米色、灰黄色等。

3.2.3　材料质地

3.2.3.1　地面材质

地面装饰材料应具有安全性（即地面使用时的稳定性和安全性，如阻燃、防滑、电绝缘等）、耐久性、舒适性（指行走舒适有弹性、隔声吸音等）、装饰性。

（1）木地板。

木地板是一种传统的地面材料。木地板古朴大方、有弹性行走舒适、美观隔声、价格较高，是一种较高级的地面装饰材料。

（2）石材。

铺地用石材主要是天然大理石和花岗石。它们高雅华丽，装饰效果好，但价格贵，是一种高级地面装饰材料。

（3）陶瓷地砖和陶瓷锦砖。

陶瓷地砖和陶瓷锦砖坚固耐用、色彩鲜艳、易清洗、防火、耐腐蚀、耐磨、较石材质地轻，所以应用很广泛。

（4）地面涂料。

地面涂料具有适应性强、价格低廉、花色品种多、施工方便等特点。

（5）塑料地板。

与涂料、地毯相比，塑料地板使用性能较好，适应性强，耐腐蚀，行走舒适，花样品种多，装饰效果好，而且价格适中。

（6）地毯。

纯毛地毯质地优良，柔软弹性好，美观高贵，但价格昂贵，且易虫蛀霉变。化纤地毯重量轻，耐磨、富有弹性且脚感舒适，色彩鲜艳且价格低于纯毛地毯。

3.2.3.2 墙面材质

（1）灰泥。

灰泥表面可以有各种质感，从光滑的到拉毛的都有。灰泥的优点是可以抹在简单或复杂的表面上而无明显接缝。它可以做出各种纹理、可以上色、粉刷油漆或用墙纸、织物或瓷砖装饰表面。缺点是容易断裂、易脏。

（2）墙板。

现在许多内墙都是干垒墙结构，组成墙板一般是石膏板、制压板或塑料薄板。墙板价格不贵、易于安装、耐用，还能与其他装饰材料联合起来使用如壁纸。墙板密度小，因此难以承担很大的重量，在墙板上悬挂一定重量和大小的物品时，必须着力在墙板后的墙筋上。

（3）木材。

木材与木制品有各种纹理、颜色和式样，一直是受到人们欢迎的建材，既有保暖作用，又有丰富多彩的特点。特色鲜明的木板和木质装饰——踢脚板、门和窗、橱柜等，都有助于装饰风格与特色的形成。纹理漂亮的紧密材虽然价格昂贵，但却拥有多种色彩和花纹，红木、雪松、多节松、胡桃木、美洲山核桃木等都可以用作墙面。传统的装饰使用的是紧密材的直木条和面板。价格稍便宜一点的是压制胶合板，它们可以通过胶合板的组合排列出各种花纹，具有较好的装饰作用。

（4）砖石。

砖石主要包括青砖和石砖、瓷砖。瓷砖有各种各样的颜色和花纹，从“自然的”或泥土样到相当独特的设计图案等。瓷砖可以用手工一块块用水泥浆黏在墙面上，背面为格子状的瓷砖更容易粘贴。因为不透水，瓷砖很容易保养。但是它不吸音，而且摸上去坚硬阴冷。

石料和青砖一般用于建筑内外墙面装饰。花岗岩、大理石薄板可以为内墙增添几分正式的、高贵优雅的感觉。石料的纹理从湿暖随意的到光滑正式的都有，但是它们不吸音，比较硬，而且和其他砖石表面一样，摸上去自阴冷感，但防火性能很好。

（5）玻璃。

大面积的玻璃墙使房间充满了阳光，并且把室内外的空间连为一体。镜面玻璃可以扩大房屋的视觉大小，并通过光线的反射呈现出明亮的图案形状。仿古镜面是对有色或透明玻璃进行酸蚀处理，镀上金色或银色的花纹并将玻璃边缘磨成斜面的镜子。在覆盖建筑结构的同时，它还为室内装潢增添一点艺术效果。有花纹或无花纹的玻璃砖（玻璃块）也有很好的装饰效果，它们能使光线通过，但是并不完全透明，可用来作内墙或外墙，可以直线或曲线的形状做由其他材料砌的墙体或是它们本身构成的内置墙。

（6）金属。

金属材质在内墙上常是小面积使用，铜、不锈钢和铝制的面砖可以作为颇为突出耀眼的墙而装饰材料。亮光的金属极易反射光和声，所以在使用时必须相当慎重。亚光材质以其优雅的质感和柔和的光线能够使界面达到好的装饰效果。

（7）塑料。

硬塑料越来越多地用于墙面。作为优质的墙面材料，塑料可以模仿其他材料，或就以其本身的材质被用在特殊的场合，如浴室或任何能体现其防水、防尘和易维护等优点的地方。塑料有板状和块状两种，成型的塑料还被用于浴室和淋浴房的隔墙装置。大多数塑料在被损坏之后很难重新休整表面，而且很多还会带来环境危害（有害气体、易燃性和致命的难闻气体）。

（8）涂料。

涂料由各种各样天然或合成的材料制成，各有其特性。涂料是墙面和天花板最常用的饰面材料，它既具有装饰性，又能起到保护作用。它们可以用于木材、砖石、塑料、灰泥、金属或石膏板上，许多品种的漆不怕光、不褪色、不起泡、速干还有吸音、阻燃、防锈等特性。

（9）壁纸。

壁纸在东方有很悠久的历史，在欧洲也已经使用了近 5 个世纪。壁纸具有各种颜色、图案质感，耐用度好，适用面广，施工方便，装饰效果好等特点。

（10）墙面织物与纤维。

墙面织物与纤维能为墙面增加质感，羊毛、亚麻、皮革和软木、毡毯都可以用作墙面装饰，使室内更为丰富多彩。总的来说，粗糙的材料容易积灰，但是看上去却比光滑的表面干净。

3.2.3.3　顶棚材质

（1）灰泥。

采用灰泥材质的顶棚可以与灰泥的墙面结合得天衣无缝，这样就使空间四周和顶部统一起来。灰泥表面光滑，可以是单色的也可以粉刷或裱以墙纸，也可以装饰图案。灰泥成本低廉，使用广泛。

（2）石膏板。

石膏板轻质、耐用、易于安装，方便造型装饰和图案装饰，效果明显、价格低廉，是常用顶棚材质。

（3）木材。

木材包括薄木条、厚木板和镶板等。都既大方又亲切。现在，很少有人用木板做整个天花板了，但作为结构一部分的横梁，经常露出来以突显个性。

（4）金属瓦、金属薄片、金属条。

金属瓦、金属薄片、金属条可以造成历史感或展现时代的效果。锡、铁、铜和其他金属可以压制成三维设计图形，或者经过抛光、粉刷、粗糙加工或油漆的平板。金属对声音的反射性能很好，但如果噪音是决定如何利用空间的因素，那就不适合采用金属材料了。

（5）透光、半透光或反光材料。

如塑料和玻璃这些属于透光材料，自然光线或者隐藏在天花板上灯具的光线可以透过透光材料，使整间屋子有良好的灯光效果。镜面这种反光材料，会使房屋显得高些，对于那些低矮的房屋非常适用。

（6）织物。

织物较少用在天花板上，但它们可以以意想不到的方式使房间显得更温暖更柔和。

3.2.3.4　材料的应用

1. 材料的功能

（1）实用性。

设计施工的目的是对建筑物进行一定的改造，使之实现艺术与安全的统一。不论是为了实现艺术美，还是实现使用功能等均需用装修材料来表达。借助各种不同材料的各不相同的物理属性，解决实际工程中的各种问题。装修材料也随着生产技术和新工艺、新科技的不断进步而推出新的品种和种类，新型的纳米乳胶漆，耐擦洗，能够分解污渍，在实际的装饰工程应用、维护方便。防静电地板，在有防静电要求的房间中使用能够起到充分的保护功能。在会议室，音像室等空间则需使用吸音材料，来克制回声所带来的混响。各种玻璃制品既能起到保护作用还可解决采光问题（见图 3-2-14）。

（2）装饰性。

相对于材料的使用功能来说，大部分材料同时具有相应的装饰性，尤其针对于饰面层材料，大多数既具有实用功能又具有装饰。如花纹美观的木质饰面板，与不同的材料相结合，营造出不同的室内环境，起到了很强的装饰效果。色彩丰富的大理石，用在不同的场合，能烘托出不同的空间气氛（见图 3-2-15）。

图 3-2-14　材料的实用性

图 3-2-15　材料的装饰性

2. 材料应用的基本原则

（1）材料的性能与室内空间的功能一致。

各种材料由于各不相同的物理性质，使用的位置也是各不相同。木饰面板虽然拥有各种不同的花色，其天然的纹理能营造自然的效果，却绝不能使用在摩擦频率高的台面及湿度高的卫生间等位置。公共计算机房必须使用防静电木地板。大型会议室在设计中必须考虑回声混响等因素，一般使用吸音材料。高回声的材料如铝塑板决不能大范围使用，普通纸面石膏板由于其强度低，抗潮湿能力差而决不能应用在卫生间。

图 3-2-16　材料与室内风格相协调

（2）材料的材质色彩与室内风格相协调。

在进行室内空间的设计时必须从整体上考虑，使材料的材质，色彩体现的整体感觉，与室内整体的效果互相协调。充分发挥材料的质感，利用材料之间的色彩搭配也是室内设计师的基本功之一。医院要求营造整洁的效果，如果应用黑胡桃，樱桃木等材料，则整体感觉会接近办公室，所以一般使用浅色材质作为医院的装饰材料，如图 3-2-16 所示。

3. 材料的设计使用误区

（1）不考虑安全因素，盲目追求效果。

往往进行室内空间设计为了片面的追求使用某种材料带来某方面的效果，而忽略其带来的副作用。例如，银行等公共活动场所的设计必须考虑其安全性能，曾经有关于银行的大理石地面过于光滑致人摔伤的报道，银行门口铺装光面大理石经打蜡处理后，其光可鉴人，乍看上去效果极佳，但一旦以失去安全为代价就不可取了；又如住宅室内设计中大面积的护墙，往往能够呈现富丽堂皇的效果，满足了部分追求豪华的业主的要求，但因为大面积木饰面带来了累积污染，对住宅的主人的健康造成了威胁得不偿失。

（2）形成固定思维。

认为材料有其固定的适用范围，不能够充分发挥材料的功能和推陈出新，影响设计能力的提升，遏制设计的发展。室内空间设计应该在安全的前提下，充分发掘材料的各种性能，在设计中予以发扬光大，应用得当的设计往往能够达到使人耳目一新的感觉。

（3）不了解新型材料，一味守旧。

在应用材料进行设计之中，不清楚材料市场的动向，保守的使用将要淘汰的材料，使设计的作品无论从新意上还是从安全性、环保性都受到制约。社会飞速发展的今天，新兴的装饰材料层出不穷，其中的大部分材料其物理性能，安全性能，装饰性能都有了大幅的提升，作为最前沿的设计师，理应在第一时间了解新型材料的各种性能，在实际的设计中予以应用。

课题3.3
室内空间家具与陈设设计

● **学习目标**

通过本课题的学习，掌握室内常用家具与陈设的种类及风格；能熟练掌握室内风格与家具风格相协调的方法及陈设在室内空间的运用。

● **学习任务**

（1）室内空间家具设计。

（2）室内空间陈设设计。

● **任务分析**

家具与陈设在人们日常的工作、学习、生活和休息中占有重要的位置，也是室内环境的一项重要组成部分，是不可缺少的室内生活器具。本课题的任务在于解决如何利用家具与陈设较好地发挥空间的使用功能，使人们得到舒适便利的生活。

3.3.1 室内空间家具设计

3.3.1.1 家具在室内空间环境中的作用

家具在人们日常的工作、学习、生活和休息中占有重要的位置，也是室内环境一项重要组成部分。人类的工作、学习、娱乐、交往、休息等无不与家具有关。家具是建筑空间中使用频繁、占地较大、体量较大的重要设施，据统计，家具在室内空间中占有 1/3 左右的面积，在较小的房间里甚至占 2/3 左右的面积。家具除了供人们坐、卧、储藏等使用功能外，在建筑空间中还参与空间组织等功能。

（1）明确空间。

空间的使用性质不同，所需要的家具也不同，家具是空间使用性质的直接表达者。家具的类型和布置方式，能充分反映空间的使用目的、等级、品位及个人特定，从而赋予空间一定的性格和品质。

（2）组织空间。

在室内空间中，人们的活动或生活方式是多种多样的，要满足这些生活方式就需要在室内空间中创造不同功能区域，充分利用家具布置来灵活组织分隔空间是建筑装饰设计中常用手法之一。它不仅能有效分隔空间、充实空间，还能提高室内空间使用的灵活性和利用率，同时使各功能空间隔而不断，既相对独立，又相互联系。例如，住宅空间中，可利用沙发、茶几、餐桌等家具将空间分隔成会客区域、休息区域等；在宾馆大堂内，同样可利用家具将空间分隔成服务区域、休息区域等（见图 3-3-1、图 3-3-2）。

（3）丰富空间。

经过不同虚实形态的家具处理，可将单调呆板的空间，变得围透多变，情趣盎然（见图 3-3-3）。

（4）填补空间。

在建筑空间中，常有一些难以正常使用的空间（如走道尽端、斜屋顶下的低矮空间等），我们可用家具来填补，使之变成有用空间，并可创造一定的艺术氛围。巧妙利用坡屋顶下的低矮空间布置床榻，形成了亲切怡人的休息区（见图 3-3-4）。同时，我们可在过道、门廊上部或楼梯底部、墙角等闲置空间中放置柜子来储存物品，达到充分利用空间的目的。

图 3-3-1 利用家具分隔卧室与书房

图 3-3-2 用办公室家具分隔的空间

图 3-3-3 利用家具丰富空间

图 3-3-4 巧妙利用斜屋顶

（5）强化空间。

家具实质上是一种实用的陈设品，由于家具是室内空间体量最大的物品，其造型、色彩、质感等对空间风格的形成、环境气氛的创造起着重要的作用，良好的家具设计，可强化空间风格，营造环境气氛。如在乡土风格的室内环境中，选择竹制、藤制家具可进一步营造纯真朴实、回归自然的气息。

3.3.1.2 家具的类型

1. 根据功能分类

（1）坐卧类家具。

坐卧类家具是家具中最古老最基本的家具类型，家具在历史上经历了由早期席地跪坐的矮型家具到中期的垂足而坐的高型家具的演变过程，这是人类告别动物的基本习惯和生存姿势的一种文明创造的行为，这也是家具最基本的哲学内涵。

坐卧类家具是与人体接触面最多、使用时间最长使用功能最多最广的基本家具类型，造型式样也最多最丰富，坐卧类家具按照使用功能的不同可分为椅凳类、沙发类、床榻类三大类。

1）椅凳类。

椅凳属坐类家具，品种最多、造型最丰富，没有其他的家具类型在设计与造型上可以与椅凳类家具相比拟。在家具史上椅凳的演变与建筑与技术的发展同步，并且反映了社会需求与生活方式的变化，甚至可以说是浓缩了家具设计的历史。

绝大部分家具设计大师的设计经典代表作品都是以椅子的造型形象出现的，当今世界上最著名家具设计展之一就是在意大利的乌迪内（Udine）举办的国际椅子展览，至今已经连续举办了二十多届，并设立了“全球最佳椅子设计奖”、“十大杰出椅子设计奖”、“金三角奖”等各种奖项。

椅凳类家具从传统的马扎凳、长条凳、板凳、墩凳、靠背椅、扶手椅子、躺椅、折椅、圈椅，发展到了今天具有高科技、先进工艺技术和复合材料设计制造的气动办公椅、电动汽车椅、全自动调控航空坐椅等（见图 3-3-5）。

图 3-3-5　椅凳类

2）沙发类。

沙发是西方家具史上坐卧类家具演变发展的重要家具类型，沙发类家具的发明是 18 世纪法国路易十五年代皇宫贵族上流社会追求更加舒适的生活方式和沙龙聚会生活时尚的产物。最早的沙发家具是 1720 年在法国路易十五的皇宫建筑沙龙和卧室中出现的伯吉尔扶椅（berqere），在造型上把扶手挺直向前并横向延伸到同坐面相平的椅子，以弹性坐垫做坐面，通体用华丽的织棉包衬，受到了上层社会人士和贵妇人喜爱，并逐渐横向加变成长椅的造型，迅速地从皇宫走向民间，成为欧洲家庭客厅，起居室的主要坐卧类家具，并普及到全世界各个国家。

现代沙发由于设计师的努力和现代技术，材料的进步，日益变得更加舒适，功能多样、造型美观，成为现代建筑开放式空间中的重要家具类型，尤其是现代沙发的设计与功能正在把人的坐、躺、卧的不同生活方式进行整合设计，一件白天是坐具到了晚上就可能变成一张舒适的卧床，而且传统中笨重的沙发造型也日益变得更加轻巧，更加易于移动，更加具有抽象雕塑般的造型与美感，更加具有流行与时尚的色彩与款式（见图 3-3-6）。

图 3-3-6　沙发类

3）床塌类。

床塌类家具是用来支撑人体睡眠用的家具跟人类关系极为密切，一天 24 小时，有 1/3 的时间与睡眠有关，在所有家具中，床是与人最亲密的安乐窝与避难所，尤其是在一个压力与竞争不断增长的现代社会中，床的设计与结构和含义也在不断发生变化，床类家具不再仅仅是给人们提供一件休息和躺卧的工具，而且意味着恢复紧张失落的情绪并成为舒适温馨的安乐窝和宁静宜人的避难所。

随着社会的发展，床的造型设计和工艺结构、材料都有了很大的变化，除了传统的木床、架子床、双层床之外，席梦思软垫床、多功能组合床、水床、电动按摩床等现代化床类家具不断被设计和制造出来，现代设计师不仅仅是为人们提供了休息、提供了睡眠的卧床，他们还为人们提供了美好的梦想和幻想（见图 3-3-7）。

（2）桌台类。

桌台类家具是与人类工作方式、学习方式、生活方式直接发生关系的家具，在造型上必须与坐卧类家具配套设计，具有一定的尺寸要求，在使用上可分为桌与几两类，桌类较高、几类较矮。桌类分为写字台、抽屉桌、会议桌、课桌、餐台、试验台、电脑桌、游戏桌等。几类分为茶几、条几、花几、炕几等。

几类家具发展到现代，茶几成为其中最重要的种类。由于沙发家具在现代家具中重要地位，茶几随之成为现代家具设计中的一个亮点。由于茶几日益成为客厅、大堂、接待室等建筑室内开放空间的视觉焦点家具，今日的茶几设计正在以传统的实用配角的家具变成观赏、装饰的陈设家具，成为一类独特的具有艺术雕塑美感形式的视觉焦点家具。在材质方面，除传统的木材外，玻璃、金属、石材、竹藤的综合运用使现代茶几的造型与风格千变万化，异彩纷呈，美不胜收（见图 3-3-8）。

图 3-3-7　床榻类

图 3-3-8　桌台类

（3）橱柜类。

橱柜类家具也被称之称为贮藏家具，在早期家具发展中还有箱类家具这类，由于建筑空间和人类生活方式的变化，箱类家具正逐步以现代家具中消亡，其贮藏功能被橱柜类家具所取代。贮藏家具虽然不与人体发生直接关系，但在设计上必须在适应人体活动的一定范围内来制定尺寸和造型。在使用上分为橱柜和屏架两大类，在造型上分为封闭式、开放式、综合式三种形式，在类型上分为固定式和移动式两种基本类型。法国建筑大师与家具设计大师柯布西耶早在 20 世纪 30 年代就将橱柜家具放在墙内，美国建筑大师弗兰克·劳埃德赖特也以整体设计的概念，将贮藏家具设计成建筑的结合部分，可以视为现代贮藏家具设计的典范。

现代住宅的音响电视柜正成为家庭住宅客厅，起居室正立面的主要视觉中点和装饰立面，由于数字化技术的日益普及和流行、CD 碟片架也成为现代陈列性家具设计新品种，同时，电视音响、工艺精品、瓶花名酒、书籍杂志等不同功能的收纳陈列正在日益走向组合化，构成现代住宅的多功能组合柜（见图 3-3-9）。

（4）屏风与隔断类。

屏风与隔断柜是特别富于装饰性的间隔家具，尤其是中国的传统明清家具。屏风，博古架更是独树一帜，以它精巧的工艺和雅致的造型，使建筑室内空间更加丰富通透，空间的分隔和组织更加多样化。

屏风与隔断对于现代建筑强调开敞性或多元空间的室内空间设计来说，兼具有分隔空间和丰富变化空间的作用。随着现代新材料新工艺的不断再现，屏风与隔断已经从传统的绘画、工艺、雕屏发展为标准化部件组装、金属、玻璃、塑料、人造板材制造的现代屏风，创造出独特的视觉效果（见图 3-3-10）。

图 3-3-9　橱柜类

图 3-3-10　屏风与隔断类

2. 根据结构形式分类

（1）框架结构。

框架结构家具主要是以传统家具为主，它以榫结合为连接方式，类似中国传统木构架梁柱结构，荷载传递清晰合理，但不适应工业化生产。

图 3-3-11　板式家具

（2）板式结构。

板式结构是现代家具的主要结构形式，它是采用细木工板、密度板等各种人造板黏结或用连接件连接在一起，不需要骨架，板材既是承重构件，又是封闭和分隔空间的构件。板式家具结构简单，外观简洁大方，便于工业化生产（见图 3-3-11）。

（3）拆装结构。

拆装结构家具各零部件之间的结合采用连接件来完成，并根据运输的需要，家具可进行多次拆卸和安装。这种家具常用于板式家具、金属家具、塑料家具中。

（4）折叠结构。

折叠式家具的主要特点能折叠，常见于桌、椅、床类，具有占用空间小，便于贮藏和运输，携带方便等优点，适用于餐厅、会场以及小面积的住宅空间中。

（5）充气结构。

充气结构是以具有一定造型的橡胶气囊加以充气而成的。它的成本低，重量轻，轻盈别致，有一定的承载能力，便于携带与收藏，多适应于旅游家具。

（6）薄壳结构。

薄壳结构家具是采用现代工艺和技术，将塑料、玻璃钢或多层薄木胶合板等材料一次性热压或塑压成形的家具。它按人体坐姿模式制成坐面和椅背连体的薄壳结构，固定到支架上形成坐椅，也可用塑料连支架与椅坐、椅面一次整体压铸成形。薄壳家具质轻，便于搬动，多数可叠积，适于贮藏。另外由于是模压成形，造型生动流畅，色彩夺目（见图 3-3-12）。

（7）整体浇注结构。

整体浇注结构家具以塑料为原料，在定型的模具中进行发泡处理，脱模后成为具有承托人体和支撑结构合二为一的整体形家具。一般表面用织物包衬。这种家具造价低、成形方便、色泽丰富，雕塑感强，它可以设计成配套的组合部件块，进行各种组合（见图 3-3-13）。

图 3-3-12　薄壳结构家具

图 3-3-13　整体浇注结构家具

3. 根据使用材料分类

（1）木家具。

我国地域辽阔，树种繁多，适合于制作家具的主要树种约有 30 余种。常用的家具树种有：梧桐、榆木、楠木、红松、水曲柳、杉木、椴木、紫檀、花梨木、红木等。其中红木、楠木、花梨木和紫檀木等一般用于制作高档家具。常用的木质板式材料有：人造板、薄木板、胶合板、刨花板、纤维板、空心板、细木工板等。木材具有质轻强度较高，具有天然的纹理和容易加工、良好的手感、较好的绝缘性等特点，深受人们的喜爱。但木材也有吸湿性和变异性、易腐朽及被虫蛀蚀的缺点。因此对木材的缺点必须经过各种加工处理，如人工防腐处理、干燥处理及木材改性处理等，才能作为家具用材（见图 3-3-14）。

（2）金属家具。

金属家具是用各种金属材料如钢、铁、铝合金等材料制作的家具。金属家具一般采用机械化的生产方式，精度高，抗压强度大，制作造型柔和灵巧，富有时代气息，能起到活跃室内气氛的作用。它的表面可以采用电镀、喷砂、烘漆、抛光的手法进行处理，也可以搭配木材、玻璃、塑料、皮革等制造出独特的家具造型（见图 3-3-15）。

图 3-3-14　木家具

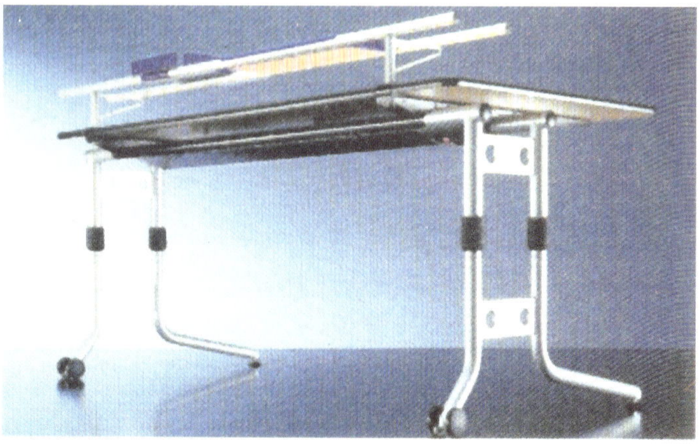

图 3-3-15　金属家具

（3）塑料家具。

塑料家具是以塑料为主要原料，经模压成形的家具。它具有质轻、强度高、加工成形简便、色彩鲜艳等特点，并具有较好的耐腐蚀、耐磨的性能。缺点是使用时间长会出现老化、褪色、开裂等现象（见图 3-3-16）。

（4）竹制家具。

竹材质地坚硬，具有优良的力学性能，抗拉、抗压强度都比木材好，具有韧性和弹性，特别是抗弯能力强，不易折断。这种材料有清新凉爽的感觉，适于夏季使用。但在制作竹制家具时应注意防腐、防蛀、防裂方面的处理（见图 3-3-17）。

图 3-3-16　塑料家具

图 3-3-17　竹制家具

图 3-3-18　藤制家具

（5）藤制家具。

现代家具中，藤材广泛地被利用。藤材具有柔和的色彩，富有弹性、容易弯曲，能编制出各种结构款式的家具，这种家具给人以一种返朴归真的美感（见图 3-3-18）。

3.3.1.3　家具的尺度与功能要求

1. 坐具尺度与功能要求

坐具的功能主要是满足人们坐的基本需求，坐具尺度与功能合理与否，直接关系到人使用时的舒适程度与工作效率。

1）坐高。坐高是影响坐姿舒适程度的重要因素之一，过高或过低都会影响坐具的使用功能。根据人对坐具的分布情况来分析，坐具的高度应小于人的小腿腘到地面的垂直距离。

2）坐宽。坐宽主要满足臀部的尺度需求，一般应不小于人的臀部宽度，根据不同的坐具坐宽应在 380 ~ 460mm 之间。软体坐具坐宽为 450 ~ 500mm。

3）坐深。坐深是指坐具前沿至后沿的距离。通常坐深应小于人大腿的长度，一般不大于 420mm，软体坐具不大于 530mm。

4）坐具扶手高度。坐具扶手高度与坐具的舒适程度相关。一般根据人在就座时，手臂自然屈臂的肘高与坐面的距离一般在 250mm 左右。

座椅设计要点：使操作者在工作中保持身体舒适、稳定并能进行准确地控制和操作。座高（360 ~ 480mm）和腰靠高（165 ~ 210mm）必须是可调节的。椅坐面和腰靠结构应使其感到安全、舒适。腰靠结构应具有一定的弹性和足够的刚性，腰靠倾角 β 不得超过 115° 工作坐椅一般不设扶手，需设扶手的必须保证操作人员作业活动的安全。其结构材料应耐用、阻燃、无毒。坐垫、腰靠、扶手的覆盖层应使用柔软、防滑、透气性好、吸汗的不导电材料制造。

2. 贮物家具的尺度与功能要求

贮物家具是按人的使用需求、物品的存放习惯以及收藏形式而设置的，它应方便人们的收藏、展示、使用，同时也应和室内空间有着良好的协调关系。

（1）贮物家具的高度。

贮物家具的高度通常以人体的高度、物品的性质、物品形式以及室内的层高来确定。一般可分为三个高度区域：第一区域，大约在于 600mm 以上，1800mm 以下的空间，它是人的臂部至手臂向上伸展到指尖的距离，适宜存放经常使用的物品；第二区域，大约在 600mm 以下，它是地面至垂臂指尖的距离，适宜存放常用而又比较重的物品；第三区域，指 1800mm 以上，2500mm 以下的空间，不便于正常使用，它适宜存放不经常用的物品。

（2）贮物家具的宽度与深度。

贮物家具的宽度与深度是以存放物的种类、数量、存放形式以及室内空间的多种因素确定的。宽度可根据贮物的功能需求设定，而深度一般可以根据物品的具体情况，设定为 300 ~ 650mm 之间。

3. 桌、台类家具的尺度与功能要求

桌、台类家具是为了人们坐、立工作需求而设置的，它要有适合高效率的工作和舒适状态的高度、深度以及足够的台下空间，以达到人们的使用需求。

（1）桌、台类家具的高度。

坐姿用桌的桌面高度以在肘高（坐姿）下 50 ~ 100mm 为宜，但精密工作受视距的影响，需增加桌面高度。站立用的桌、台类家具，一般以人手臂肘关节到地面的距离为度，大约 910 ~ 960mm 为宜。

（2）桌、台类家具的宽度与深度。

桌、台类家具的宽度与深度一般以人坐时、站时可达的水平工作范围为依据。通常桌、台面的宽度应略小于两手臂伸展的长度，约在 1200 ~ 1650mm；桌、台面的深度应不小于手臂向前伸展的长度，约 560 ~ 900mm。

（3）桌、台类家具下面空隙。

桌、台类家具的下面空隙，高度应高于人体的膝高，大约 550mm；宽度应能保持膝部的正常活动，大约在 550 ~ 650mm；深度应能保持双脚的活动与伸展，大约在 250 ~ 350mm。

（4）休息、睡眠家具的尺度与功能要求。

休息、睡眠家具是为人休息、睡眠的功能服务的，其尺度和结构直接关系到人体的舒适程度。休息、睡眠家具的高度应该与坐高取得协调一致，同时还需要考虑如穿、脱鞋等一系列与家具发生关系的动作，床高以 420 ~ 480mm 为宜。休息、睡眠家具的宽度多以人体的仰卧姿势为基准，通常为人仰卧时肩宽的 2.5 ~ 3 倍，单人的家具约 900mm，双人的家具约 1500mm。休息、睡眠家具的长度多以人体的长度为基准，一般长度 = 平均身高 ×1.05+ 头前与脚下余量，大约在 1900 ~ 2000mm。

3.3.2 室内空间陈设设计

3.3.2.1 室内陈设的意义

室内环境中只要有人生活、工作，就必然有或多或少的、不同种类的陈设品。空间的功能和价值也常常需要通过陈设品来体现。

室内陈设或称摆设，是家具之后的又一室内重要内容，陈设品的范围非常广泛，内容极其丰富，形式也多种多样，随着时代的发展而不断变化，但是作为陈设的基本目的和深刻意义，始终是以其表达一定的思想内涵和精神文化方面为着眼点，并起着其他物质功能所无法代替的作用，它对室内空间形象的塑造、气氛的表达、环境的渲染起着锦上添花、画龙点睛的作用，也是具有完整的室内空间所必不可少的内容。

同时也应指出，陈设品的展示也不是孤立的，必须和室内其他物件相互协调和配合，亲如一家。此外，陈设品在室内的比例毕竟是不大的，因此为了发挥陈设品所应有的作用，陈设品必须具有视觉上的吸引力和心理上的感染力。也就是说，陈设品应该是一种既有观赏价值又能品味的艺术品。我国传统楹联是室内陈设品的典型的杰出代表。

3.3.2.2 室内陈设的作用

室内陈设品主要是指室内家具、纺织品、日用品、绘画、书法、盆景艺术等，是室内空间环境中必不可少的组成部分，始终贯穿于空间设计的全过程。室内陈设不仅具有一定的使用功能，而且渗透着社会文化、地方特色、民族气质、个人素养等，有丰富的精神文化内涵，其作用主要表现在以下几个方面。

（1）组织空间、引导人流。

室内陈设品所包含的内容较多，如家具、小品、绿化、各类艺术品等，这些物品都能在一定程度上对空间进行分隔和限定，起到组织空间的作用。同时陈设品往往造型独特、风格鲜明、色彩鲜艳，易形成视觉中心，从而起到引导、暗示人流，组织交通的作用。

（2）营造空间氛围，强化空间风格。

陈设品在室内空间中具有较强的视觉感染力，对营造室内空间的氛围有着重要的作用。如：在春节时，我们常常贴上大红的对联，挂上火红的灯笼，营造一种节日气氛。陈设品可谓是多种多样，但其造型、色彩、图案及其质感往往表现出一定的风格特点，选择和室内装饰风格一致的陈设品，可起到强化空间装饰风格、表现空间性格的效果。如在新地方主义风格的空间中，可用一些乡土元素进行装饰；在中国传统风格装饰的室内，可在墙面上挂上字画、中国传统艺术品、博古架上放上古玩等（见图 3-3-19）。

（3）改善空间的形态，柔化空间的环境。

现代建筑空间，大多是用钢筋混凝土、玻璃、金属、石材等材料所构建，它给人以冷漠、生硬、刻板之感。绿色的植物、柔软的织物、极具表现力的艺术品等，可使室内空间生动活泼，充满浓郁的生活气息，给人以温暖亲切之感。

（4）突现空间主题。

室内陈设品始终是以表达一定的思想内涵和精神文化为着眼点，它不仅仅是对室内空间形象的塑造、气氛的渲染起着锦上添花、画龙点睛的作用，而且更重要的是表达一种文化内涵和意境的创造。重庆中美合作所展览馆烈士墓地下展厅，圆形大厅中央悬挂着几条手铐、脚镣，在一束冷光照射下，使人不寒而栗，较好地营造了空间意境，表达了空间主题（见图 3-3-20）。

图 3-3-19　中国传统风格

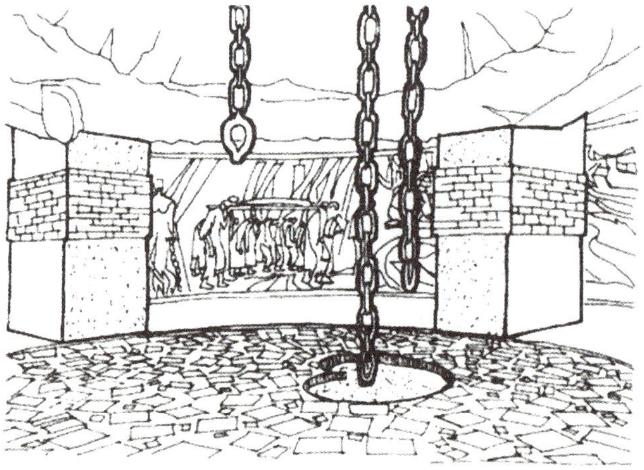

图 3-3-20　重庆中美合作所展览馆地下展厅

（5）反映地域特征和个人爱好。

室内陈设品不仅能够直接反映一时一地的人文、民族和地域特征，而且也在某种意义上反映个人的爱好、性格、职业、修养及艺术鉴赏力，是室内设计较好的表现手段之一。因此，充分运用室内陈设品，可创造出具有鲜明特色的作品。

3.3.2.3　常用的室内陈设种类

（1）字画。

我国传统的字画陈设表现形式，有楹联、条幅、中堂、匾额以及具有分隔作用的屏风、纳凉用的扇面、祭祀用的祖宗画像等（可代替祠堂中的牌位）。所用的材料也丰富多彩，如有纸、锦帛、木刻、竹刻、石刻、贝雕、刺绣。字画篆刻还有阴阳之分，漆色之别，十分讲究。书法中又有篆隶正草之别。画有泼墨工笔、黑白丹青之分，以及不同流派风格，可谓应有尽有。

（2）摄影作品。

摄影作品是一种纯艺术品。摄影和绘画不同之处在于摄影只能是写实的和逼真的，少数摄影作品经过特技拍摄和艺术加工，也有绘画效果，因此摄影作品的一般陈设和绘画基本相同，而巨幅摄影作品常作为室内扩大空间感的界面装饰，意义已有不同。摄影作品制成灯箱广告，这是不同于其他绘画的特点。

由于摄影能真实地反映当地当时所发生的情景，因此某些重要的历史性事件和人物写照，常成为值得纪念的珍贵文物，因此，它既是摄影艺术品又是纪念品。

（3）雕塑。

瓷塑、钢塑、泥塑、竹雕、石雕、晶雕、木雕、玉雕、根雕等是我国传统工艺品之一，题材广泛，内容丰富，巨细不等，流传于民间和宫廷，是常见的室内摆设。有些已是历史珍品，现代雕塑的形式更多，有石膏、合金等雕塑有玩赏性和偶像性（如人、神塑像）之分，它反映了个人情趣、爱好、审美观念、宗教意识和崇拜偶像等。它属三度空间，栩栩如生。其感染力常胜于绘画的力量。雕塑的表现还取决于光照、背景的衬托以及视觉方向。

（4）盆景。

盆景在我国有着悠久的历史，是植物观赏的集中代表，被称为有生命的绿色雕塑。盆景的种类和题材十分广阔，它像电影一样，既可表现特写镜头，如一棵树桩盆景，老根新芽，充分表现植物的刚健有力，苍老古朴，充满生机，又可表现壮阔的自然山河，如一盆浓缩的山水盆景，可表现崇山峻岭、湖光山色、亭台楼阁、小桥流水，千里江山，尽收眼底，可以得到神思卧游之乐。

（5）工艺美术品、玩具。

工艺美术品的种类和用材更为广泛，有竹、木、草、藤、石、泥、玻璃、塑料、陶瓷、金属、织物等。有些本来就是属于纯装饰性的物品，如挂毯之类。有些是将一般日用品进行艺术加工或变形而成，在发挥其装饰作用和提高欣赏价值，而不在实用，这类物品常有地方特色以及传统手艺，如不能用以买菜的小篮，不能坐的飞机，常称为玩具。

（6）个人收藏品和纪念品。

个人的爱好既有共性，也有特殊性，家庭陈设的选择，往往以个人的爱好为转移，不少人有收藏各种物品的癖好，如邮票、钱币、字画、金石、钟表、古玩、书籍、乐器、兵器以及各式各样的纪念品，传世之宝，这里既有艺术品也有实用品，其收集领域之广阔，几乎无法予以规范。但正是这些反映不同爱好和个性的陈设，使不同家庭各具特色，极大地丰富了社会交往内容和生活情趣。

（7）日用装饰品。

日用装饰品是指日常用品中，具有一定观赏价值的物品。它和工艺品的区别是，日用装饰品主要还是在于其可用性。这些日用品的共同特点是造型美观、做工精细、品味高雅，在一定程度上，具有独立欣赏的价值。因此，不但不必收藏起来，而且还要放在醒目的地方去展示它们。如餐具、烟酒茶用具，植物容器、电视音响设备、日用化妆品、古代兵器、灯具等。

（8）织物陈设。

织物陈设，除少数作为纯艺术品外，如壁挂、挂毯等，大量作为日用品装饰，如窗帘、台布、桌布、床罩、靠垫、家具等蒙面材料。它的材质形色多样，具有吸声效果，使用灵活，便于更换，使用极为普遍。由于它在室内所占的面积比例很大，对室内效果影响极大，因此是一个不可忽视的重要陈设。

3.3.2.4 室内陈设的布置部位

（1）墙面陈设。

墙面陈设一般以平面艺术为主，如书、画、摄影、浅浮雕等，或小型的立体饰物，如壁灯、弓、剑等，也常见将立体陈设品放在壁龛中，如花卉、雕塑等，并配以灯光照明，也可在墙面设置悬挑轻型搁架以存放陈设品（见图 3-3-21）。

（2）桌面摆设。

桌面摆设包括有不同类型和情况，如办公桌、餐桌、茶几、会议桌以及略低于桌高的靠墙或沿窗布置的储藏柜和组合柜等。桌面摆设一般均选择小巧精致、宜于微观欣赏的材质制品，并可灵活更换（见图 3-3-22）。

图 3-3-21 墙面陈设

图 3-3-22 桌面摆设

（3）落地陈设。

大型的装饰品，如雕塑、瓷瓶、绿化等，常落地布置，布置在大厅中央的常成为视觉的中心，最为引人注目，也可放置在厅室的角隅、墙边或出入口旁、走道尽端等位置，作为重点装饰，或起到视觉上的引导作用和对景作用（见图 3-3-23）。

图 3-3-23 落地陈设

（4）陈设橱柜。

数量大、品种多、形色多样的小陈设品，最宜采用分格分层的隔板、博古架，或特制的装饰柜架进行陈列展示，这样可以达到多而不繁，杂而不乱的效果（见图 3-3-24）。

（5）悬挂陈设。

空间高大的厅堂，常采用悬挂各种装饰品，如织物、绿化、抽象金属雕塑，吊灯等，弥补空间空旷的不足，并有一定的吸声或扩散的效果，居室也常利用角隅悬挂灯具、绿化或其他装饰品，既不占面积又装饰了枯燥的墙边角隅（见图 3-3-25）。

图 3-3-24 陈设橱柜

图 3-3-25 悬挂陈设

课题3.4
项目任务：大型专卖店设计

● 学习目标

通过典型的商业空间专卖店空间设计项目训练，掌握商业空间的要点与设计方法；能熟练完成项目任务：大型专卖店设计。

● 学习任务

（1）商业空间设计。

（2）商业空间案例赏析。

（3）大型专卖店设计实训。

● 任务分析

通过商业空间典型的案例欣赏与专卖店具体的任务实施，使得学生从熟悉的商业空间设计下手，逐步熟悉其他商业空间的设计。

商业空间是商业活动的主要聚集场所，这类建筑是城市公共建筑中面最广、量最大的建筑类型，它从一个侧面反映一个国家、一个城市的物质生活状况和精神文化风貌。通过对商业空间设计基本知识的了解，逐步掌握商业空间室内装饰设计的基本知识。

3.4.1 商业空间设计

3.4.1.1 商业空间的功能

1）展示性：指商品的分类及有序的陈列和促销表演等商业基本活动。

2）服务性：指销售、洽谈、维修、美容、示范等行为。

3）休闲性：指附属设施的提供，设置餐饮、酒吧、茶吧、娱乐、健身等场所。

4）文化性：指大众传播信息的媒介和文化场所。

3.4.1.2 商业空间的类别

（1）专业商店。

专业商店又称专卖店。经营单一品牌商品的商店（见图 3-4-1）。

（2）百货商场。

百货商场是经营品牌商品种类繁多的商业场所（见图 3-4-2）。

（3）超级市场。

超级市场是种开架售货、直接挑选、高效率售货的综合商业场所，如图 3-4-3 所示。

图 3-4-1 LV 专卖店

图 3-4-2　东南亚国际顶级品牌名品城

图 3-4-3　国外超市

（4）购物中心。

购物中心是一个设有专卖店、大型百货商店、画廊、银行、饭店、休闲娱乐场所、停车场、绿化广场的多元化的商业空间（见图 3-4-4、图 3-4-5）。

图 3-4-4　广东东莞郊区万江华南 MALL

图 3-4-5　深圳华润中心万象城

3.4.1.3　商业空间的设计原则

（1）购物行为。

购物行为指顾客为满足自己生活需要而进行的全程购物活动。它可分目的性购物与非目的性购物（即认识过程→情绪过程→意志过程）。

（2）组织引导。

空间的组织是以顾客购买的行为规律和程序为基础展开的（即吸引→进店→浏览→购物、休闲或餐饮→浏览→出店）。

（3）视觉流程。

视觉流程可分为商品促销前区、展示区、销售区、休息区、餐饮区、娱乐区等。视觉流程设计可分为：导向型和流畅型。

（4）形象与立意。

商场空间形象应从商品的属性、商品的服务对象、商场的位置来考虑。商场空间环境的立意应从形态的变异性与内涵性、色彩的视觉冲击力、主题的形象化和隐喻性来考虑。

3.4.1.4　商业空间的设计要点

1. 陈设方式

1）开放式：家用电器、服饰商品、日常用品、水果蔬菜等。

2）封闭式：珠宝首饰、古玩等贵重物品。

2. 界面处理

1）地面：常采用地砖、木地板、地毯、石材等材料。

2）墙面：常采用乳胶漆等材料。

3）顶面：常采用轻钢龙骨、石膏板、矿棉板、金属穿孔板等材料。

3. 采光与照明

1）自然采光：以日光为光源，应充分利用窗口朝向、位置、形状来创造自然光（见图 3-4-6）。

2）人工照明：以灯具照明为光源，常采用大型吊灯、吊轨灯、投影灯、聚光灯等灯具。可分为整体照明和局部照明（见图 3-4-7 和图 3-4-8）。

图 3-4-6　巴西圣保罗 Livraria da vila 书店（一）

图 3-4-7　巴西圣保罗 Livraria da vila 书店（二）

图 3-4-8　加拿大多伦多 Holt Renfrew 百货商店

4. 家具与装饰

1）家具：常采用符合人体工程学设计的实用性家具。

2）装饰：常采用绘画、雕塑、绿化、小品等饰物。

5. 店面与橱窗

（1）店面设计应考虑以下几点。

1）地区特色、历史文脉、商业文化。

2）行业特征、经营特色（见图 3-4-9）。

3）店面与入口的设计要整体统一，能起到引导人流的内外交融的过渡性空间（见图 3-4-10）。

4）店面设计与装修应注重建筑结构，保障安全（见图 3-4-11）。

（2）橱窗设计应考虑以下几点。

1）常设置在建筑外墙上，商场内或通道立面墙上。

2）处理方式外凸式、内凹式（见图 3-4-12 和图 3-4-13）。

3）选用具有耐晒、防潮、抗冻、防火性能的材料。

4）注意所选用材料的施工工艺性能与施工条件的要求与限制。

图 3-4-9　国外 LV 专卖店（一）

图 3-4-10 国外 LV 专卖店（二）

图 3-4-11 国外 LV 专卖店（三）

图 3-4-12 巴西贝洛奥里藏特 Coven 针织品商店

图 3-4-13 国外专卖店橱窗

3.4.2 商业空间案例赏析

项目名称：Alla Scala 旗舰店

项目地点：广州深圳

设计公司：欧比可建筑设计

主要材料：不锈钢及木材

为一个全新的品牌设计概念形象对于空间设计师来说是很有挑战性的。设计师经常要与发展中的时装品牌合作，在此前提下设计师首先需要考虑品牌现有的标识。因为品牌在客户心目中都已经有了固定的形象，设计师必须为这个形象和新的意念创造一个联系。另一方面，处理完全没有既定形象的全新品牌可能是更艰巨的任务。

Alla Scala 的目标要求非常明确，作为品牌第一标识，充满曲线的图案给客户很深刻的印象。这个标志就是此次创作的灵感源泉。

设计师首先想到用色大胆鲜明的波普艺术，如安迪沃霍尔的经典作和 20 世纪 50 年代的家具。首个概念是以 Alla Scala 的重点曲线铺满墙面，继而这些曲线化身为同心椭圆，让人联想到品牌标志。椭圆的层次是由不同的材料和饰面组成。这些椭圆并非单独出现在一个垂直面或水平面上，垂直面和水平面之间进行边界模糊化处理：以温暖的木材搭配冰冷不锈钢的椭圆装饰，在垂直面和水平面上游走，材质上形成强烈的反差。品牌主色则挑选了年轻、具有活力、出众抢眼的绿色。

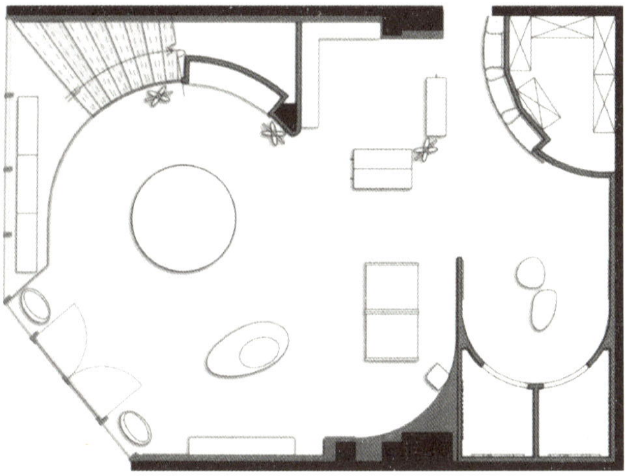

图 3-4-14　Alla Scala 旗舰店平面图（一）

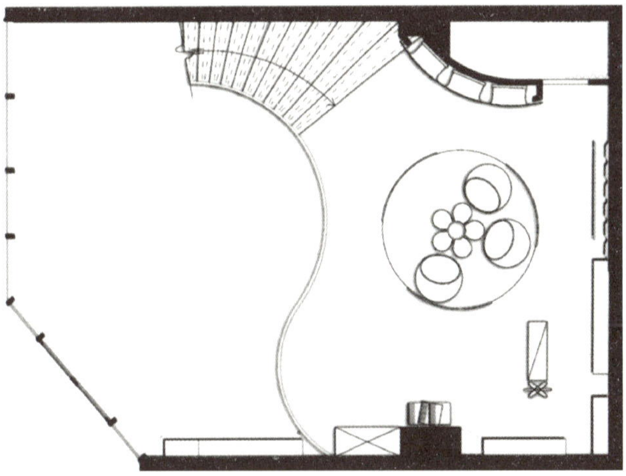

图 3-4-15　Alla Scala 旗舰店平面图（二）

图 3-4-16　Alla Scala 旗舰店（一）

图 3-4-17　Alla Scala 旗舰店（二）

店内的所有物件设计均由曲线展开。墙面以不同的绿色饰面创造出一个层次感丰富的动态空间。天然纯白的主货架和不锈钢次货架让本身质优的产品显得更抢眼。中厅将成为最吸引人眼球的焦点。利用闪亮耀眼的银面有机地在中厅创造出天然的洞，外围设有挂产品的空间，充满神秘感的洞内可以同时放置多个模特或产品组合。整个概念设计的重点在于四周的弧形曲线为客人营造出被拥抱的舒服感觉。所有细节均沿用同一个概念，为这个品牌建立起一个概念完整、非凡出众、独一无二的形象（见图 3-4-18 ~ 图 3-4-27）。

图 3-4-18　Alla Scala 旗舰店（三）

图 3-4-19　Alla Scala 旗舰店（四）

图 3-4-20　Alla Scala 旗舰店（五）

图 3-4-21　Alla Scala 旗舰店（六）

图 3-4-22　Alla Scala 旗舰店（七）

图 3-4-23　Alla Scala 旗舰店（八）

图 3-4-24　Alla Scala 旗舰店（九）

图 3-4-25　Alla Scala 旗舰店（十）

图 3-4-26　Alla Scala 旗舰店（十一）

图 3-4-27　Alla Scala 旗舰店（十二）

实训一　参观家具市场

1. 实训目的

到家具销售或加工现场进行实地参观、学习，通过教师的讲解来了解、熟悉当前市场上不同的家具类型和特点，为家具、陈设的设计、选用与布置奠定基础。

2. 实训方式

现场参观。

3. 实训地点

当地的家具销售市场、家具制作加工厂等。

4. 实训内容

（1）不同的家具类型和特点。

（2）人体工程学在家具设计中的应用。

（3）建筑装饰设计中家具设计、选用与布置的原则、方法。

5. 实训指导

（1）结合参观的不同家具主要讲解其类型、功能和发展趋势，重点引导学生理解如何在装饰设计中合理选择、搭配家具。

（2）了解家具的加工工艺。

6. 实训要求

对调研项目的内容，完成《家具认识》调研报告。

主要陈述家具的类型、特点，阐述室内装饰设计中家具选用与布置方法方面的认识与理解。字数不少于 1500 字。

实训二　服装专卖店设计

命题原因：服装专卖店是学生平时接触最多的专卖店，其装饰设计更新周期短，对设计的实用性、艺术性、创新性也有较高的要求，将服装专卖店作商业空间设计的训练内容，有利于学生理论联系实际进行设计。

1. 任务目标

设计一品牌服装专卖店，通过服装专卖店的设计，熟悉掌握专卖店的设计程序与思维方法，并进一步了解专卖店空间区分、店面设计等元素。

2. 设计条件

（1）空间。

如图 3-4-28 所示，也可以根据实际情况采用类似空间进行实地考察，考察时注意建筑周围的环境与内部的详细尺寸、结构、水电设施、采光通风等条件，并分析其利弊。设计者应该站在经营者与消费者这两方面的立场上进行专卖店内外部空间的设计。

（2）装修档次。

设计者应根据服装专卖店的商品及客户群确定

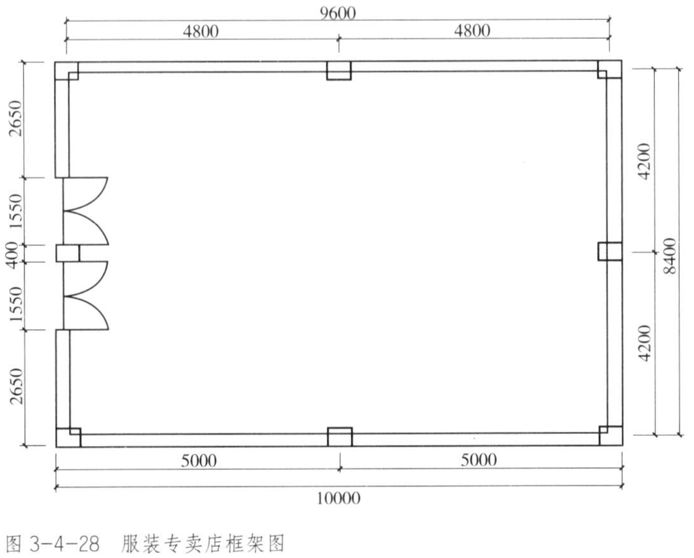

图 3-4-28　服装专卖店框架图

其装修档次，同时应根据服装专卖店的装修档次，选择恰当的装饰材料。

3. 设计要求

（1）实施方式。

学生 4 人一组，相互协作、交流、评价、学习，小组成员各自独立完成完整的设计内容。

（2）完成内容。

1）文件。

文件内容：编制工作计划与课外学习计划、编制客户需求调查表、编写装饰材料调查表。

文件型号：A4 纸竖版。

文件格式：自行设计。

2）资料。

资料内容：收集同类型服装专卖店设计资料（用草图的形式表现出来）。

资料形式：书籍、图片、草图等。

3）图纸。

图纸内容：设计草图、设计方案图、设计手册（包括功能平面图、铺地平面图、顶棚图、立面图、透视效果图、设计说明、封面、封底）。

图纸型号：A3 制图纸。

表现方式：手绘、电脑制作或模型不限。

（3）完成时间。

约 6 课时。

4. 评价要点

注重设计过程与设计成果中学生综合能力的评价；注重自评、互评、教师评、客户评（虚拟）；注重功能的合理性、图纸的规范性、构思的创意性、表现的艺术性等方面的全面评价。

模块 4 经济快捷酒店设计

课题4.1
室内绿化与庭院设计

● **学习目标**

了解室内绿化的作用及布置；熟悉对室内植物的配置与选择；基本掌握室内庭院组织与意境以及景观设施与环境小品设计。

● **学习任务**

（1）室内绿化的作用。

（2）室内绿化的布置。

（3）室内植物的选择。

（4）室内庭院组织与意境。

（5）景观设施与环境小品设计。

● **任务分析**

室内绿化与庭院设计包含了室内绿化设计的作用、布置、选择、室内庭院组织与意境、景观设施与环境小品设计等内容，这些都是室内绿化空间设计的基本内容。这些基础内容为后续的室内绿化设计研究及实训提供坚实的理论依据。

4.1.1 室内绿化的作用

有人曾说“室内设计就是设计生活，反映社会，反映生活”，相对于室外环境而言，人们居住、活动的室内空间是一种纯粹的人工创造空间，生态可持续的室内空间设计是遵从自然、人文环境的设计创造，也就是结合当地人生活习惯对自然因素的组织加工和取舍，使之适宜人的使用需求。人类自出现以来就与自然界有着必然的联系，久而久之也就有了一种亲近自然的本性。人类的住所由洞穴、茅草屋、木构发展到今天的钢构水泥大厦。但是，无论居住场所以及后来的办公场所在空间形式上怎样变换，还是割舍不掉人们亲近自然的那种情愫（见图 4-1-1）。

人们想方设法把自然的东西引入布置到自身生活的环境中来。人类社会发展至今，特别是提倡生态可持续发展的今天，引入绿色植物、假山置石成为了室内空间环境设计规划中必不可少的有机组成部分（见图 4-1-2）。

在室内空间环境设计过程中，人们运用墙体围合空间、色彩搭配、灯光的明暗虚实、隔断装饰物、冠状体积的绿化植物等设计手法来烘托营造不同的室内空间意境氛围，使人产生不同性质的空间场所归属。由于室内空间的尺度相对较小，活动范围有限，所以各种营造室内空间的要素给人在心理上和生理上的感受要更为直接、密切。室内环境设计是室内空间各环境因素的综合设计创造，室内装饰注重的是从外部的视觉美感创作着手，而室内绿化不仅起到装饰点缀美化室内居住环境的作用，还在一定程度上净化室内空气，调节室内温度、湿度等方面起到改善室内小气候环境的作用。视觉上营造特定的环境氛围，心理上获得融于自然、回归自然的感受，功能上用绿化围合、组织、划分空间使之生动自然具有一定的通透流动性。当然在进行室内绿化设计的过程当中，我们也应考虑到建筑空间本体的主题性质、使用功能和所处地域的气候大环境，以及空间使用主体即使用人的生活民俗习惯、文化教育信仰等，再者就是绿化植物本身的习性特征等因素来确定室内空间绿化的布局形式、植物种群搭配。

现在人们进行室内绿化设计创作，它不仅仅是满足以往人们所理解的对空间点缀装饰方面的功能需求，也是提高自身宅居生态环境质量的需要，使人们从生理和心理上得到对起居活动环境的满足。

图 4-1-1　宜人的林荫大道

图 4-1-2　假山置石

4.1.2　室内绿化的布置

室内绿化的布置不是简单的对室内绿化植物进行布局放置，而是要根据营造空间环境的需要来选取相应的绿化材料，并对材料的属性进行归类之后再做相应的设计。进行室内绿化设计的材料不单单是植物这一类，同时兼有与植物发生共存关系的土石、水体以及在水体中生息的水生物如鱼类、贝类等。室内绿化的布置根据不同场合以及不同的使用需求在空间布局形式上、位置上也不尽相同，如在空间围合面积较大的大厅、出入口，空间围合面积较小的墙角、走廊这几个主要的空间面域上，通过地面放置、壁架放置、空中悬挂这么几种主要的方式进行摆放。在室内绿化的布置过程中，对绿化植物大多以盆钵移植为主。为求得空间层次上的变换对这些移植在盆钵中的绿化植物或悬挂、或置于廊架桌体台面等，但是在围合空间相对充裕的室内空间绿化设计中亦有直接将绿化植物种植在拟定规划好的室内空间位置上。从空间布局的平面、立面上综合考量，营造出一个立体的室内绿色空间。

（1）特定区域摆放或者种植。

在较大型空间中如酒店、商场、候车室、候机大楼中的大堂、中庭，这些特定的室内公共区域根据一定的使用需求和植物本身的习性进行摆放。在条件允许的情况下采取就地种植的方式进行室内绿化造景（见图 4-1-3）。

（2）墙角放置。

这是利用一些平常利用率不高的边角区域进行绿化装饰布置的一种常用表现形式（见图 4-1-4）。

（3）家具、陈设物托举。

将种植在盆钵中，适宜室内空间绿化的植物结合室内空间中已有的家具柜体、托物架等结合的立面布置方式。巧妙地与室内空间形成一种某种意义上的生态互动情境（见图 4-1-5）。

（4）墙体垂直悬挂。

这是有别于家具、陈设物托举摆放的立面布置方式。通过天棚上垂放的绳索，墙体上固定的层板、储物架等进行布置室内空间绿化，不占据室内空间的地面面积，在垂直空间上营造绿化氛围（见图 4-1-6）。

图 4-1-3　候车室

（5）借景。

这里的借景与园林设计上的借景手法既有相同亦有区别，通过对窗口的处理，由于玻璃材料在室内空间设计上的大量运用，使室外的绿景能够很好地融入到室内空间环境中来，让室内空间在视觉上的更加宽广、有深度，拓展丰富了室内空间环境的层次及围合区域的视觉限制，达到室内、外空间的交融（见图 4-1-7）。

图 4-1-4　酒店大厅墙角

图 4-1-5　家具托举

图 4-1-6　空中悬挂

图 4-1-7　借景（落地窗）

4.1.3　室内植物的选择

植物是我们进行室内空间绿化设计的主角，不同种类的植物在特定的空间环境下可以创造出不同的氛围意境。所以在植物的选择上我们也有一定的针对性，如适合室内绿化布置的植物有赏叶植物、赏花植物、藤本植物、木本植物等。对于室内绿化植物的选择主要是从视觉观赏、功能调节、形体尺度这三个方面着手考量。

插花与盆景在室内绿化设计中也起到举足轻重的作用，尤其是在我国传统的室内绿化中具有深远的文化意义。据考证中国在两千多年以前就已有了原始的插花意念。插花到我国历史上的唐朝时期就已经非常兴盛，尤其是在宫廷中非常盛行。宋朝时期插花艺术已在民间得到普及并且受到文人的喜爱，各朝关于插花欣赏的诗词很多。中国插花艺术发展到明朝已达鼎盛时期，在技艺上、理论上都相当成熟和完善，在风格上强调自然、优美朴实、淡雅明秀、造型简洁。插花崇尚自然寻求自然之真，讲究优美的线条和自然的姿态，依花草树木之自然生态，掌握季节之变化。盆景可以说是我国传统园艺的艺术精品，文人雅士们赋予了它诗情画意的体征描绘，使人在有限的室内空间中一览它源于自然、仿真自然的妙趣。

1. 视觉观赏

从观赏的角度出发对室内植物的选择去选择，因为自然界植物的根、茎、花、叶、果由于其自身的特有属性在外形、色彩、冠状尺寸、生长周期以及地域分布上都有所不同，给人们在营造宅居、工作绿化环境时提供了更多的选择。如利用藤条植物装饰空间，能让人有一种回归自然的感觉并且具有浓厚的乡土气息。同时通过乔、灌木、花、草与水、石的搭配组合形成绿植装饰在整个室内空间中大与小、虚与实上的对比。

2. 功能调节

净化室内空气、调节室内局部小气候、减音降噪、吸尘灭菌等这是我们根据绿化植物的特性来满足不同功能需求进行室内绿化设计创作的根本出发点。据有关植物研究资料显示，部分植物对空气中的有害气体具有特有的吸附功能，释放出适宜人类呼吸的氧。植物也能在一定程度上增加空气湿度、调节地域环境温度，就如炎热的夏日我们在树荫底下的体感温度明显低于相对裸露的地表，这些调节改善环境气候的功能在特定的封闭空间里表现的就愈发明显。当我们置身于茂密的树林中，除了鸟儿清脆叫声外一切都显得那么的宁静，这与身处繁华闹市的感受是截然不同的，而那种置身密林中的宁静之感正是因为植物自身具有较好的吸音效能，所以人们在所居的室外环境进行种植绿化，在室内的靠近窗洞的位置布置绿植以弱化来自室外的噪音。通过现代科学研究分析有数据显示，有些植物自身能分泌一些杀死空气、水体、土壤中有害细菌的抗菌激素，有的植物吸收人体呼出的二氧化碳释放大量的氧气，有的植物能吸收大量的对人体健康不利的一氧化碳和甲醛，减少电磁辐射等起到促进改善室内环境空气质量的作用。因此对绿色植物的科学合理应用到室内空间环境中来，不仅能增添空间的活力气息更能营造出一个生态宜居的室内空间环境，提高人们的生活品质。以下是一些室内空间常用绿化植物在改善室内环境空气质量的不同功效分析。

（1）君子兰。

释放氧气，有人把君子兰称之为吸收烟雾的清新剂。据研究数据分析一株成年的君子兰能释放大量的氧气，在极其微弱的光线下也能发生光合作用。它在夜里不会散发二氧化碳，在十几平方米的室内，有两三盆君子兰就可以把室内的烟雾吸收掉。特别是冬季寒冷的北方，由于门窗紧闭，室内空气不流通，君子兰会起到很好的调节空气的作用，保持室内空气清新。在我们的北国春城——长春，就把君子兰命名为市花（见图 4-1-8）。

（2）铁线蕨。

有研究表明铁线蕨吸收甲醛的效能特别突出，被称之为最有效的生物“净化器”。另外，它还可以抑制电脑显示器和打印机运行工作时释放的二甲苯和甲苯（见图 4-1-9）。

图 4-1-8　君子兰

图 4-1-9　铁线蕨

（3）鸭脚木。

鸭脚木叶片可以从烟雾弥漫的空气中吸收尼古丁和其他有害物质，并通过光合作用将之转换为对植物本身有用的物质（见图 4-1-10）。

（4）吊兰。

吊兰能在微弱的光线下进行光合作用，吸收空气中的有毒有害气体，据测算一盆吊兰在 8 ～ 10m^2 的房间就相当于一个空气净化器。能吸收空气中的甲醛、苯乙烯、一氧化碳、二氧化碳等致癌物质。吊兰对某些有害物质的吸收力特别强，比如空气中混合的一氧化碳和甲醛，分别能达到 95% 和 85%。吊兰还能分解苯，吸收香烟烟雾中的尼古丁等比较稳定的有害物质（见图 4-1-11）。

图 4-1-10　鸭脚木

图 4-1-11　吊兰

（5）芦荟。

芦荟有空气净化专家的美誉。一盆芦荟就等于九台生物空气清洁器，可吸收甲醛、二氧化碳、二氧化硫、一氧化碳等有害物质，尤其对甲醛的吸收特别强。在四小时光照条件下，一盆芦荟可消除一平方米空气中 90% 的甲醛，还能杀灭空气中的有害微生物，并能吸附灰尘，对净化居室环境有很大作用。当室内有害空气过高时，芦荟的叶片就会出现斑点。这就是求援信号，只要在室内再增加几盆芦荟，室内空气质量又会趋于正常（见图 4-1-12）。

（6）龟背竹。

龟背竹净化空气的功能略微弱一些，它不像吊兰、芦荟是净化空气的多面手，但龟背竹对清除空气中的甲醛的效果也同样比较明显。另外，龟背竹有晚间吸收二氧化碳的功效，对改善室内空气质量，提高含氧量有很大帮助。龟背竹成年的植株一般较大，造型优雅，叶片又比较疏朗美观，所以是一种非常理想的室内植物（见图 4-1-13）。

（7）常春藤。

常春藤号称是吸收甲醛的冠军。常春藤是目前吸收甲醛最有效的室内植物，有研究数据显示每平方米的常春藤的叶片可以吸收甲醛 1.48mg，而 2 盆成年的常春藤的叶片总面积大约 0.78m^2，同时常春藤还可以吸收苯这种有毒有害物质，24h 光照条件下可吸收室内 90% 的苯。根据测算一间 10m^2 左右的房间，只需要放上 2 ～ 3 盆常春藤就可以起到净化空气的作用，同时吸附微粒灰尘（见图 4-1-14）。

（8）橡皮树。

橡皮树在一定程度可以说是一个消除有害植物的“多面手”，对空气中的一氧化碳、二氧化碳、氟化氢等有害气体有一定抗性。橡皮树还能消除可吸入颗粒物（PM2.5）污染，对室内灰尘能起到有效的滞尘作用。

（9）棕竹。

棕竹的功能类似龟背竹，同属于大叶观赏植物的棕竹能够吸收 80% 以上的多种有害气体，净化空气。同时棕竹还能消除重金属污染，并对二氧化硫污染有一定的抵抗作用（见图 4-1-15）。

图 4-1-12　芦荟

图 4-1-13　龟背竹

图 4-1-14　常春藤

图 4-1-15　棕竹

（10）绿萝。

绿萝的生命力很强，吸收有害物质的能力也很强，可以帮助不经常开窗通风的室内封闭空间改善空气质量。绿萝还能消除甲醛等有害物质，其功能不亚于常春藤、吊兰（见图 4-1-16）。

（11）仙人掌。

仙人掌具有很强的消炎灭菌作用，在对付污染方面，仙人掌是减少电磁辐射的最佳植物。此外，仙人掌通常在夜间吸收二氧化碳，释放氧气。晚上居室内放有仙人掌，就可以补充氧气，有助于睡眠。

3. 形体尺度

植物的形体尺度是从三维的角度来考量的，以此决定对室内空间设计所需绿植品种的选择。例如我们日常所见的植物外形主要有伞状、球形、椭圆形等，这些或多或少的有些人为塑造的因素。当然，在进行室内绿化造景设计的过程中我们不仅

图 4-1-16　绿萝

图 4-1-17 植物的形体尺度

要考虑所选绿植的单体造型，还要考虑组团的整体造型轮廓所呈现出来的效果。在室内空间绿化设计过程中影响视觉效果的除了外形轮廓还有绿植之间的比例尺度因素，例如植物的尺度比例过小在视觉冲击力上就显得不强，若是做室内空间的划分在立面效果上也显得有些逊色，在人们的使用心理上没有一种经过空间围合处理后所带来的属域感。反之若是尺度比例过大，在有限的室内空间中就会显得压抑。所以在室内空间绿化设计中绿植的选择以形体质朴美观、比例尺度大小适宜为佳（见图 4-1-17）。

4.1.4 室内中庭组织与意境

4.1.4.1 室内中庭组织

室内中庭平面组织与意境的营造也就是结合相关表现素材对室内空间的二维平面形态布局、三维立面形态布局上进行的设计创作。

二维平面形态布局是空间在平面上呈几何形态的组织形式，从整体上对空间进行划分和布局。但每一种布局形式都有其自身的特色，结合了室内、室外这两个区域空间的使用属性、需求功能、自然环境、所处区域的人文环境等因素进行了综合的考量设计。在布局形式上多采用对称与非对称的手法来营造所设想的空间意境。如对称式的布局手法可以营造出一个庄严肃穆的空间氛围。带有曲线与面域相结合的那种非对称布局方式则可以营造出轻松活泼、富于趣味变化的空间环境氛围。

三维立面形态布局主要体现在纵向立面的高低起伏、横向立面的凹凸有别上。一般在平整的内庭空间上设置一些体块相对较大、颜色较为鲜艳夺目的绿植营造一个内庭场景的视觉高潮主题中心，同时在纵向立面上对二维平面空间进行划分，形成一个围合、半围合，私密、半私密的三维形态空间。横向立面的凹凸变化主要体现在浮雕、木雕及其他立面造型的创造设计上，在一定程度上也能构成一个新的视觉中心（见图 4-1-18）。

图 4-1-18 立面隔断

4.1.4.2 意境氛围的塑造

俗话说“仁者乐山，智者乐水”，水即是纯洁亦是智慧的象征，水在不同的人文背景下所表达出来的意境也不尽相同。水是万物之源，水能在炎炎夏日给人创造一个清凉的意境。水有静态和动态之分，静态的水给人以宁静之感，静态的水体中犹如一块反射成像的镜面，能丰富整个室内空间的表现内容，在视觉上扩大了空间的尺度。流动的水体特别是跌水有层级高差的时候能发出一种只有置身于溪涧中才能听到的悦耳之音，给人以回归自然，融入自然的感觉。水也因其自身透明的特性，再结合一些现代灯光技术，在有色灯光的照射下使水体富于多种色彩，产生一种梦幻般的效果。由于大自然的鬼斧神工，使石头本身具有独有的造型和纹理，因此人们根据石头的这些独有的特征，用来堆山造景将自然界体积庞大的崇山峻岭浓缩移植到特定的室内庭院空间，增加室内空间环境的自然野趣，营造出一种源于自然而又高于自然的意境空间氛围（见图 4-1-19）。

如图 4-1-20 所示，零星的太湖石散落置放于室内庭院中，周边附之以水体、草皮、高矮大小错落有致的绿植，给人带来的就是一种随性、自然的感觉。

图 4-1-19　动态水幕

图 4-1-20　太湖石造景

植物毫无疑问是我们进行室内空间绿化设计营造空间氛围的主要素材。在视觉上缓解视觉疲劳，并释放人体呼吸所必需的氧气。绿化植物在外观形态上经过人工的修剪或者本身的所具有形态、色彩，与特定区域空间中的装饰风格式样、陈设器物、灯光环境以及水体、山石相协调结合就可以给我们营造一个色彩斑斓的多彩空间，创造出优美舒适的人居生活环境。

4.1.5　景观设施与环境小品设计

无论是景观设施还是环境小品的设计都是人们一种创造性的实践活动，二者也是一个构建具体空间环境且带有艺术创造性的设计实践过程。在这一设计创造过程中必须考虑各种物质、人文因素的协调统一性，最终满足人们在使用功能上的物质需要，以及情感寄托意境营造的精神需求。

设计最终呈现作品的好坏取决于主、客观等多方面因素。主观方面是设计、施工人员与业主之间的沟通；客观方面是案例所处的地域地质条件、气候等自然物理客观环境。在设计创作过程中对已有自然条件了解后，要因地制宜结合实际环境中特有且有益的因素做到就地取材，用不同的处理形式和表现手法来适应案例所处的周围环境（见图 4-1-21）。

当然，在营造一处景观环境意境时景观设施与环境小品的设计，都会涉及到一些人们创造已有的形式规律法则问题，运用艺术上的形式美法则来进行构思创意并最终把它付诸实施建造出来。使人们从中获得功能齐全且富有艺术形式美的体验感受，具体就是要处理好物与物之间和物与人之间的主从依附、对比协调、韵律节奏、尺度比例关系。

图 4-1-21　景观小品设计（一）

在景观设施与环境小品设计过程中色彩以及人工辅助照明也是重要的考量因素，是烘托整个空间环境氛围的要素之一。其中色彩上的设计创作实践应该结合使用物的特性功能、所处地域人文环境因素中对色彩的偏好、信仰，以及周遭环境特别是建筑围合体本身的色彩因素。色彩在景观设施与环境小品设计创作过程中的有丰富空间层次的效果，有突出小品设施具体体块造型的效果，有协调统一空间环境视觉体系的效果，同时色彩也是地域特色的重要体现。

人工辅助照明设计在已有色彩或者是附加色彩的基础上起到丰富和加强整个空间环境的视觉效果，一般在夜间或者光线较暗的空间区域根据表现对象进行灵活处理，来突出表现对象的形体轮廓，在一定程度上还能产生一些梦幻般的视觉效果与此同时通过人工辅助照明能够拓展表现对象的视线范围在较远的距离位置上也能看清楚表现对象，并且与周围的环境形成一种强烈的视觉对比效果（见图 4-1-22）。

图 4-1-22　景观小品设计（二）

课题4.2 室内信息、音响、智能设备与保安设施

● **学习目标**

了解室内信息、音响、智能设备及应用；熟悉室内消防安全要求与保安设施。

● **学习任务**

（1）室内信息、音响、智能设备及应用。

（2）室内消防安全要求与保安设施。

● **任务分析**

室内信息、声音影像、智能设备是室内空间设计过程中的重要补充内容，引导学生更好的理解室内消防安全要求与保安设施是空间设计中不可缺少的一项内容。

人类宅居环境大致经历了穴居、巢居到后来的宅居变迁过程，人类在这种营造自身居住环境的过程中，对室内空间所反映的信息以及后来在不断的历史发展过程中人们根据自身使用的需求对居住、活动空间中的声音影像、智能设备装置以及安保措施都有了新的、更高的要求。如随着科技的发展我们可以把影院建在家中，安保消防措施也发展到了前所未有的水平高度。这些集多方因素的综合考量应用，最终都是一项为满足人使用需要上方便、快捷、舒适的设计创作实践活动。

4.2.1 室内信息、声音影像、智能设备及应用

一个布局组织有序、使用方便舒适的室内空间离不开信息的导引，声音影像及智能设备的密切“配合”。

4.2.1.1 室内信息

当然并不是所有的室内空间具有“普适性”，一些室内空间在特定的时期、特定的地域，所反映的历史、人文背景信息也不尽相同。例如北京老胡同里的四合院，山西平遥古城内的民居建筑，安徽皖南地区的典型徽派民居，武陵山区的土家民居等散落在全国各地的民居建筑都承载有当地区域特定的历史、人文信息。并且不同的建筑室内空间所担负的使用功能也有所区别，比如有供人们生活起居的住宅空间；参观陈列的博物馆、纪念馆；集休闲购物、影视娱乐于一体的大型商场；行政办公的机关大楼；医疗康复的医院；制造生产的车间厂房等所反映的都是室内空间的使用功能信息。

设计风格表现于设计形式，设计形式反映出室内设计信息。多种室内设计风格是室内空间设计总体形象信息的集中体现，从侧面反映了本身所处历史时期的精神、物质、文化艺术、社会发展等的面貌特征，反映了使用者所处时代的审美情趣和个人的喜好。室内空间设计创作就总体所反映的信息来说，它与所处时代背景下的人文美学思想观点、宗教信仰、民俗风情等因素息息相关。

4.2.1.2 声音影像

随着科学技术的不断进步发展，人们在视觉、听觉上的需求得到了极大地满足。有人对音乐是这样定义的：“音乐是一种能够产生共鸣效果的声频，出自人类本体的最初生命运动，它们伴随人类产生而产生，伴随人类起源而起源，伴随人类发展

而发展。它们不是人类身外之物，也不是人类最初的物质生产，而是一开始就是一种富有情感的感于外物存在的人类最初精神活动的产物。”可以看出人类对音乐有着与生俱来的情感，听音乐是调节人们生活情趣的最好方式之一（见图 4-2-1）。

图 4-2-1　声音影像设备

就如前人所说“音乐是一种能够产生共鸣效果的声频”，然而并非所有的声频都为人所爱，使人厌倦排斥的声音就是一种噪音，因此人们为了避免噪音的袭扰，或者是获得更好的声音影像效果，对室内空间的视听环境系统也就有了更高的要求。例如在室内空间形体较大的音乐厅、会堂、剧院为避免声音产生物理折射所造成的回声噪音，人们在设计的过程中采用吸音材料、设计立面凹凸造型来降低或者减少这方面的影响，创造一个舒适优美的室内视听空间环境。

当然，设计室内空间的声学系统也不仅仅是满足人们视听享受的需要，如在大型商场、超市、星级酒店等公共场所，这些声学广播系统也是用来播放通知传递信息，播放特定场合的背景音乐营造空间氛围的重要方式，以满足使用者的使用功能需求。

4.2.1.3　智能设备

人们在当下的生活和工作方式中需要进行大量的信息交流，而现代信息技术的突破发展是以 19 世纪 90 年代中后期意大利电气工程师和发明家马可尼成功发明的无线电通讯技术，它的现实意义就在于突破有限空间进行数字信息交流。随后出现的有线和无线电话、计算机、遥控技术也是突破空间的实现人机信息交流方式。

在 20 世纪中后期出现并迅速发展的计算机网络技术，使得人们的工作和生活发生了前所未有的巨大变化，并且这些信息技术已逐步推广应用到室内空间的智能化领域，在此基础上增加并完善了一些新的数字程控技术功能。当前科学技术飞速发展，一些科学技术的应用让我们生活的一些方式开始变得快捷智能化。尤其是在室内空间设计创作过程中对智能设备的综合运用，大大优化提升了整个室内空间的作用效能。我们的室内空间智能化就是将起居、办公、展示陈列、举行体育活动的室内空间环境等日常生活中所涉及到的信息传输、信息处理和设备控制集成起来，构筑一个自动或半自动的室内环境空间。

随着社会的进步、科技的发展，人们对室内空间智能化的需求愈发强烈，比如政府行政部门、公司集团对智能化会议、办公空间的建设要求也越来越高，传统的会议、办公形式已无法适应现代化社会快速、便捷的形式要求。当前数字会议桌面智能终端系统就是集数码 IT、网络化、计算机综合运用技术的交互性等多项技术手段，实现了人与人、人与机、机与机、人与空间之间的互动联系，营造交互式的室内会议、办公的空间环境。与传统会议系统相比，以往要实现一些会议功能就要买单独的设备，比如人名显示要用电子桌牌显示系统，会议签到就要用签到系统，呼叫要用呼叫系统，投票要用投票系统，会议室桌面设备五花八门，桌面混乱不堪，布线错综复杂，且重复投入浪费资源。因此，针对这些问题数字会议桌面智能终端系统就是一个很好的解决方案（见图 4-2-2）。

数字会议桌面智能终端系统集电子桌牌显示、音视频播放、会议签到、投票表决、信息收发、呼叫服务、图片显示、会议内容、资料共享等一些会议、办公的控制管理和服务。系统具有实用、安全、可靠性。适应了现代室内空间，尤其是会议、办公空间的网络、数字、智能、集成化的发展需求趋势，也充分考虑了今后设备升级换代以及扩展的可能。目前已广泛运用在政府、公司集团、银行、商场购物、酒店餐饮等多个室内空间领域。这些智能化设备同其他音响、投影视频等设备相结合，共同营造了一个满足现代化使用需求的智能多媒体室内空间环境（见图 4-2-3）。

图 4-2-2　数字会议桌面智能终端系统

图 4-2-3　多媒体

4.2.2　室内消防安全要求与保安设施

4.2.2.1　室内消防

早在 1995 年 10 月 1 日的时候就由建设部和公安部联合颁布实施了《建筑内部装修设计防火规范》GB50222-2001，从另一个角度来说每一条《建筑内部装修设计防火规范》都是用人的生命和鲜血换来的。虽然每一个建筑消防设施、设备也都是按照规范标准来设计安装的，但是，在日常生活中一些设计者或者使用者的安全意识不高认为建筑场所内消防设施、器材只是摆设往往被忽视。在紧急危难之时消防设施、器材就是保障人们生命财产安全的唯一利器，在每一起火灾灾难特别是建筑室内场所内发生的重大火灾伤亡事故的背后，都暴露出一些设计者和使用者的消防安全责任意识的淡薄。因此，针对室内消防安全的措施和意识必须引起足够重视，室内消防安全设施的设计规范在这里就显得尤为重要。

4.2.2.2　室内安全疏散通道及设施

1. 疏散楼梯

楼梯通道是建筑物中的主要垂直交通空间，疏散楼梯是具有足够疏散能力的主要交通通道。特别是在火灾事故情况下是以疏散楼梯作为常规的逃生工具，疏散楼梯是作为竖向疏散通道的室内楼梯，是安全疏散的主要通道。因此，在设计上保障疏散楼梯间的畅通无阻是保障人们在火灾事故情况下安全逃生的前提和保证。

2. 敞开、封闭式楼梯间

敞开式楼梯间是指建筑物由墙体等围护构件构成的无封闭防烟功能，且与其他使用空间直接相通的楼梯间。充分利用天然采光和自然通风，在低层建筑中广泛地用于人员疏散。封闭式楼梯间主要是指设置有阻挡烟气和火势的双向弹簧门、卷帘门及外开门的楼梯间。当高层建筑或特殊场所内发生火灾时，建筑内的人员不能靠一般的电梯或云梯疏散，而楼梯此时是唯一的最主要垂直疏散通道。而敞开式楼梯间在火灾时犹如一个大烟筒既拔烟又抽火，垂直方向烟气流动短时间内经过敞开空间向上扩散，迅速就弥漫到整个建筑严重影响人员疏散威胁着人身的安全。设置的双向弹簧门及外开门等设施是防止火势和烟气蔓延扩散的最有效措施。

3. 其他安全出口

在室内空间中设置足够的安全出口和一定宽度的安全门在紧急情况下对于人员疏散非常重要。若安全出口数量不足或安全门宽度不够，火灾时疏散很容易发生混乱现象，特别是只有一个出口时往往使人员被烟火封堵而陷入困境。因此，保障安全出口畅通和合理的数量设置是生命安全重要保证。

4. 应急照明和安全标示

在人员密集室内空间场所，例如影剧院、商场、体育馆等发生火灾时，烟雾弥漫严重影响避难人员对逃离方向、灾情的识别与判断，在这争分夺秒的紧急时刻关乎每一个现场避难人员的生命财产安全。在相应的位置设置应急照明和安全指示标志设施就会起到至关重要的作用。

5. 防火区域分隔

进行防火区域分隔设计在发生火灾时的一定程度上能够阻止火势蔓延，且能把整个建筑物内部空间划分成若干较小防火空间，为营救和避难争取宝贵的时间，将损失最大限度降到最低。根据建筑物的特点采用相对耐火性能的建筑构件或防火分隔物，将建筑物人为划分在能在一定时间内防止火灾向同一建筑物的其他部分蔓延的局部空间。因此，室内空间的防火分区是控制室内火灾灾情蔓延的最基本物理空间单元分隔。主要通过以下措施进行空间划分。

(1) 防火墙。

防火墙是由不燃烧或者阻燃材料构成，防火墙既是防止火通过又是防止烟穿过，并具有隔断火势和烟气的作用，是防止火苗和烟气向其他防火区域蔓延的重要分隔物。

(2) 防火门。

防火门是日常情况正常使用、火灾条件下用于人员流动疏散，设置于防火分区之间或防火隔间与疏散走道、安全出口之间，是具有一定耐火极限的防火分隔物。它是作为阻止火势蔓延和烟气的扩散，给疏散人员提供安全条件的重要分隔物之一。

(3) 防火卷帘。

防火卷帘平时卷放在门窗洞口上方或侧面的转轴箱内，火灾发生时将其放下展开，用于阻止火势从门窗洞口蔓延，同时它也可以配合防火冷却水幕替代防火墙起到防火分隔作用。同样具有防止火通过和防止烟穿过，并发挥着隔断火势、烟气，阻止火势蔓延及烟气的扩散的功能（见图 4-2-4 和图 4-2-5）。

图 4-2-4　防火卷帘（一）

图 4-2-5　防火卷帘（二）

(4) 防火阀。

防火阀是安装在室内通风、空调系统的送、回风管道上，平时处于开启状态，火灾时当管道内气体温度达到 70℃左右时自动关闭，在一定时间内能够满足耐火稳定性和耐火完整性的需求，防止火苗和烟雾穿过，是一道起隔烟阻火作用的阀门。

(5) 火灾自动报警、灭火系统及辅助设施装置。

火灾自动报警、灭火系统及辅助设施装置是一种为了早期发现火灾并及时采取有效措施，控制和扑灭火灾而设置在建筑物中或其他特殊建筑设施上的一种自动消防设施，做到早发现早扑救为后续开展救灾工作争取有利时机。

(6) 消火栓。

消火栓有室内、室外之分。室内消火栓是中、大型建筑室内空间必备的消防灭火设施，主要设置在楼梯、走道附近等位置明显且易于取用的地点。因此，在室内空间设计改造不能占用、遮挡或拆除消火栓，应确保在发生火灾的紧急情况下发挥应有功能。室外消火栓是指设置在居住区、工业区、仓库等周围的室外消火栓系统。室外消火栓一般沿消防通道设置，保持间距在 120m 以内有地上、地下两种设立方式，它是火灾情况下为消防车提供水源和为建筑室内消防设施灭火提供消防水源的设施。室外消火栓是非常重要的后续消防灭火设施。

（7）灭火器。

灭火器是扑救初期火灾的重要消防器材，它轻便灵活，可移动，稍经训练即可掌握操作使用方法。可根据火灾种类特点结合场所性质，配备相应种类（如干粉、烟雾等）和一定数量的灭火器设备，能在火灾发展初期有效控制火势。

（8）消防通道。

消防通道是供消防车灭火时通行的道路，平常作为一般的人行或者车行通道，在消防规范上对于消防通道规定道路宽度一般不应小于 4m。保障消防车道路通畅是火灾及时得到扑救控制的重要保障。

4.2.2.3　防火建材、照明灯具选用及电路处理

建筑物室内装饰装修是指对室内墙、吊顶、地面等暴露于室内空间表面进行美化设计处理的一项活动，也就是一项建筑装饰材料之间的组合搭配创作活动。现在市场上进行室内装饰的材料种类很多，如墙纸、墙漆、木板板材、石膏板、铝塑板、石材等。这些材料可塑性强且美观，进行装饰的室内空间相对围合程度高、人员集中，一旦发生火灾，若是装饰材料的选取不当就会造成严重的经济和生命财产损失。因此做好室内装饰防火建材选用设计工作，对于避免和减少火灾危害，具有十分重要的意义。

建筑物室内装饰要注意材料选择。目的是为了有效地预防室内火灾的发生，以及一旦发生火灾能防止火势蔓延扩大，减少火灾损失，应选用不燃或耐火的室内装饰材料。

（1）吊顶装饰选材。

比如在重要部位的吊顶应选用轻钢龙骨和石膏板等非燃烧材料。一般部位或面积不大的吊顶可用耐火的难燃材料，不适宜用木龙骨和夹板吊顶，若吊顶的局部因雕刻、曲面等装潢工艺需要，局部可使用夹板材料，但一定要对轻钢龙骨、板材的局面作防火处理。

（2）墙体装饰选材。

相对于较大的室内空间，由于工艺或工作需要，在装饰时用适当的装饰材料将其隔开。为防止火灾蔓延，应选用非燃烧材料如石膏板、矿棉板等。当前有些室内装饰选用纤维板、木胶合板等可燃材料作隔墙，会存在一些安全隐患应尽量不用。再者就是进行墙面装饰一般选用具有美观、方便施工等优点的壁纸，从防火设计角度出发考虑应选用非燃烧、难燃烧或经过防火处理的壁纸。

（3）地面装饰选材。

地面装饰的材料种类很多，应尽量选用耐火或比较耐火的地面材料。有些建筑室内地面铺设木材、尼龙、毛发针织地毯而地毯底下再铺垫泡沫塑料，这些材料不耐火很有可能会产生大量有毒烟气，对发生灾情时进行安全疏散和扑救不利。因此应进行防火处理或采用比较耐火的地面材料，如陶瓷、石材、玻化地面砖等。

（4）灯具选用及电路处理。

室内装饰的电路电器安装一定要符合要求，导线铺设要严格按照国家有关规范标准进行。导线的铺设一般采用明铺或暗铺，导线的接线盒要进行封闭处理。照明灯具种类很多如探照灯、碘钨灯、吸顶灯、高压汞灯等，这些灯具在工作运行时产生的温度很高，有的高达数百摄氏度。所以照明灯具要与室内装饰材料保持一定距离，并且不能安装在可燃的构件上。若必须安装在可燃的构件上，应采取嵌垫非燃烧材料的方法进行处理。同时照明灯具还应考虑通风隔热及散热等防火措施。

当然，要真正做好室内装饰防火工作，除了技术上要严格要求外，还应从制度、使用规范上加强管理。装修设计部门应严格执行安全规定，针对较大工程，必须要提前搞好设计方案论证多方参与，特别是消防部门的参与，然后进行设计、施工等一系列后续工作。相关消防监督职能部门也会履行职责，对室内设计图纸严格把关，施工过程中随时抽检，装饰工程竣工后进行验收检查。多措并举确保人们生命财产安全。

4.2.2.4 保安设施

随着居民生活水平、居住条件的不断提高和改善，人们在解决了居住问题后，开始关心居所是否安全。在购置房产时，保安设施的完善居住环境的安全性是考量物业管理水平一个重要参考指标。社会上存在一些流窜作案的盗窃犯罪分子，常常选择居民小区作为作案目标，若是安保措施严密就能及时发现犯罪分子的作案时间和地点，为侦破、制服犯罪分子的不法行为提供有效证据线索使其不敢轻易作案。

以居民住宅小区为例，当前的保安设施主要采用保安监控系统进行布控，一般分为小区周界报警系统、防盗对讲系统、闭路电视监控系统这 3 大类。

（1）周界报警系统。

就是在小区内安装一套报警系统，在包括围墙及小区周边等位置安装周界报警红外线对射，以此对小区实施布防。保安或门卫能够通过报警主机实时了解小区四周的各种情况。另外，指定工作人员可通过密码键盘对系统进行编程、开机、关机、布防、撤防等控制。当防区产生报警后主控室的显示屏就能显示出防区号，使相关工作人员立即清楚报警位置，以便在最短的时间内采取最有效的措施处理发生的警情。

（2）防盗对讲系统。

就是当来访者按下住户相应的房间号时，被访住户即可从室内分机的监视器上看到来访者的图像，同时还可拿起话筒与来访者通话，若按下开锁按钮即可打开大门口的电锁。在住户外出时，在楼下入口门禁处用磁卡、遥控器、非接触卡对主机进行操作。若是有犯罪分子入侵时即可马上报警到大楼管理中心，并在大楼管理中心显示报警用户房号。当住户回家时进入到住宅空间后若遇紧急情况时仍可按紧急按钮进行报警寻求救援。大多数安装楼宇可视对讲系统的住宅楼都设有管理中心并安装有控制器，使住户与访客的直接沟通变成住户、管理中心与访客的三方沟通。不仅增强了居住区的安全防范能力，也进一步提高了物业管理部门对住宅小区的综合治理能力。

（3）闭路电视监控系统。

在一些高档住宅小区、别墅区，一般都会安装闭路电视监控系统。监控点主要设置在出入的大门口、停车场、主要区内通道等。在保安的主控室内，可以监视到整个辖区。如发现有可疑人员出现在辖区范围内可以及时的记录下来进行实时录像，保安人员可立即赶赴案发现场采取相应的安保措施。

课题4.3

项目任务：经济快捷酒店设计

● 学习目标

掌握酒店空间设计的风格、成因和影响；能够掌握完成项目任务：经济快捷酒店。

● 学习任务

（1）酒店空间设计。

（2）经济快捷酒店设计实训。

● 任务分析

在经济、社会发展水平、交通便捷、文化背景、科技进步等不同因素的影响下，使得不同类型的酒店、客栈在世界各地出现并随之发展。在服务等级、规模大小、类型定位、经营方式等上都不尽相同。所以对于酒店空间设计的专门研究具有十分重要的意义。

本课题以经济快捷酒店设计为例进行重点介绍，经济快捷酒店在一些欧美国家和地区又称之为 B & B 酒店，也就是英文单词 Bedroom（卧房）、Breakfast（早餐、早点）缩写组合，由此我们也可以看出一些有关这一类型酒店的定位等相关信息。

4.3.1 经济快捷酒店空间设计

就总体的酒店空间设计来说主要有以下几个空间区域进行重点设计处理：酒店入口、酒店大堂、酒店客房、酒店卫生间等。当然出于酒店本身的服务定位等因素，在设计的内容主题等方面也有所区别。

4.3.1.1 酒店入口

无论是哪一类型的酒店其酒店入口是呈现给客人入住之前第一印象的空间区域，具体位置就是酒店所属建筑本体入口大门，由酒店所在经营区域外到酒店经营区域内的一个过渡空间，这一区域的面积由于酒店区域的定位有一定的大小变化，在设计处理上是一个不可忽视的部分（见图 4-3-1）。

在具体设计上要求在门厅显眼居中的位置装置酒店标识、酒店名称，根据酒店的定位凸显酒店的形象、级别等信息，再在相应的位置装置进出、来往酒店入住消费的人流、车流交通导向标识。当然酒店入口的门厅、标识等原则上要与酒店所属建筑及其酒店室内设计的风格上相协调一致。

4.3.1.2 入口设计要点

1. 标识、招牌

酒店标识是向客人提供信息的一个重要媒介，通过图形和文字的结合显现出酒店的形象、定位级别、主题特点等信息。酒店入口标识的悬挂不应被入口绿化、过往车辆等设施遮挡，并配备夜间照明设施，便于夜间或者光线较暗的情况下，客人对酒店的形象识别。

图 4-3-1　酒店入口

2. 景观绿化

景观绿化设计最主要的作用就是美化环境，并在一定程度上划分空间功能区域，传递、表达主题信息等。通过绿化设计使酒店建筑本身与建筑周边自然环境之间关联，出色的酒店入口景观绿化设计可以成为除了酒店建筑本体主题特色以外的另一个亮点，成为客人欣赏的一个视觉焦点（见图 4-3-2）。

图 4-3-2　酒店入口景观小品

3. 交通流线

步行通道与车行通道二者要分开设计。在车行通道上根据交通流量与酒店自身的定位来设计车道的宽度以及候车车位。步行通道上要有无障碍设计，便于残障人士以及老年人的出行，在坡度路线的坡度设计上最大不超过 1∶10（见图 4-3-3）。

图 4-3-3　酒店入口通道

4. 酒店大堂

酒店大堂是酒店在室内空间区域内接待客人的第一站，给客人留下第一印象的地方。因为大堂是塑造酒店形象、营造氛围的室内空间区域。同时也是酒店经营管理的神经中枢，在这里完成礼宾接待、入住咨询登记、行包寄存托管、退房结算等工作的综合性工作空间。当然随着酒店建设规模的变化，酒店大堂提供给客人的服务也越来越完善，如休闲卡座、特色商店、报刊亭、也有负责综合业务以及应急处理的大堂经理岗。因其在酒店设计中，人们对酒店大堂所期许的无论是来自物质层面还是精神层面的要求都比较高，所以在设计过程中注意的设计细节也就比较多。在这样一个重要的展示空间设计处理过程中，一部分没有大量生活积累的设计师依靠的是高档材料和僵硬的设计装饰形式语言来完成大堂设计项目的，其效果不言自明（见图 4-3-4）。

图 4-3-4　某酒店大堂

（1）交通分流。

酒店大堂是客人与酒店之间发生初次联系的第一站，在这里迎来送往，接受、提供团体或者是个人的咨询服务。就是在这样一个综合性室内活动空间，对交通流线的设计处理尤为重要。例如散客、及团队客人办完入住手续后前往客房的交通路线、残障人士及老年人专用通道、行李货运通道、与停车场衔接通道等。与酒店整体运行发生关联的货运设备、卫生清洁与垃圾回收、布草换洗、员工上下班、送餐等这些工作交通路线一般不能与客人流通的线路之间交叉使用。

（2）前台服务。

接待服务是酒店大堂的主要功能之一，不论是农家客栈还是星级大酒店都不能缺少接待服务这一基本需求，酒店前台就是这一活动的焦点。当然，随着酒店业的发展前台的设置也越来越智能化，目的就是更好地为客人提供方便、快捷、优质的服务（见图 4-3-5）。

在前台的设计式样中有站立式和坐式两种，这两种式样的前台设置与酒店本身的规模、风格类型、服务定位等因素有关。站立式的前台在经济快捷酒店中设置较多，它所服务的对象一般是商务或者是青年群体，因为这一群体的特征就是要求办理入住手续方便快捷。坐式服务前台在心理上与客人的距离较近，在办理入住手续的过程中可以有相对较长时间上的更多信息交流咨询，让客人感受到不仅是在硬件设施上还是软件服务上都有优于其他客栈、公馆、宾馆、快捷商务酒店的地方。当前在前台桌面设施的配置上一般都包括了电脑、电话机、对讲机、打印机、银行信用卡授权机、验钞机、笔筒信笺篮等。在设计时要考虑前台工作服务人员合用设备的需要，设置在他们伸手可及的地方，以保证为客人办理入住或者退房手续时的快速，避免因为在办理相应手续时的低效率，给入住客人带来急躁的情绪给从而客人留下不好的印象，从而影响酒店在公众中的整体形象（见图 4-3-6）。

图 4-3-5　某酒店前台（一）

图 4-3-6　某酒店前台（二）

（3）大堂展示及功能划分。

酒店大堂是一个信息、客流集中的地方，在这里进行一定的广告宣传能引起较多的关注。在设置信息宣传窗口的过程中一般都是在客人的停留、休息或者是购物区域摆放广告宣传信息资料。这些广告宣传展示装置尺度不宜过大，风格上尽量与大堂的整体风格协调统一，同时应配备专门的辅助照明设施达到醒目突出的目的。

酒店大堂可以根据空间区域面积的大小，来设置除了接待服务功能以外的特色产品经营区。而这里设置的经营区域要与大堂的主要功能活动不相冲突，但是又要容易被进入大堂范围内的客人发现并且为其提供便捷服务。从而为整个酒店大堂空间营造轻松愉悦、富于人性化的消费活动氛围。

酒店大堂是客人在做出入住选择后，与酒店发生深入联系的第一站。是团体、客人集散、休息的一个缓冲区域。所以这里的每一处接待服务设施和功能分区都需要一个相对明确的定位。当然，大堂的总占地服务面积和酒店自身的类型规模、定位级别、建筑本体空间等因素有直接关系，下面就是一些酒店服务业发展较好的欧美国家和地区，以酒店客房数量与大堂面积之间关系的测算参照关系，以供设计应用参考（见表 4-3-1）。

表 4-3-1　　**酒店客房数量与大堂面积参照关系**

酒店类型	大堂面积（M^2）/ 客房数
经济快捷型、汽车旅馆型	（0.8 ~ 0.9）/1
度假村型、都市商务型	（1.1 ~ 1.2）/1
会议、娱乐、商业中心、枢纽机场型	（1.2 ~ 1.4）/1

5．酒店客房

酒店客房是一个私密性很强且与消费者个人关系十分密切的室内私人空间，随着人们消费观念的不断更新，对这一空间的消费需求也不断的提升，因此酒店客房的设计是一件系统、细致的工作。排除其他影响干扰因素，而最终决定客房布局和风格定位的就是建筑设计师和室内设计师。建筑设计师在进行建筑本体平面方案设计时在酒店客房的朝向位置、单间面积、功能分区上尽量做到优化。室内设计是在建筑设计师已有的设计基础上进行继续深化设计工作，如进行客房使用功能的细化、风格特色的定位、客房软装的配置细化等工作。最终呈现在消费客人眼前的是一个使用功能齐全、设计风格统一、富于人性化的室内私密空间（见图 4-3-7）。

图 4-3-7　酒店客房

（1）功能布局。

功能布局设计是整个空间设计的基础，在空间设计上首先是功能，其次是风格，再次是以人为本的人性化，作为一个成功的空间设计这三者之间的联系紧密相连，这三要素在整体设计构思上缺一不可。在酒店客房的设计上有人曾说过："功能设计有缺陷，风格设计再突出也是'短命的'。功能设计很全面，但缺少风格上的魅力和特点也不好，因为这会降低客房的品位和价值。而功能和风格都不错的酒店客房，如果没有人性化的标尺再仔细衡量一下，再补充些更细致更深入的设计，也许就会留下遗憾，就不那么完美，不那么精致。"可见酒店客房空间设计的整体提质这三要素不可或缺性。

由于酒店本身的级别定位，这些服务功能内容也有所区别。就以经济快捷酒店为例，这种类型的酒店只为满足客人的基本旅行生活起居需要。建筑总面积在 20M^2 左右，就如有句俗语所说的那样"麻雀虽小五脏俱全"。但可以运用较好的设计创意手法来拓展视觉心理上的空间面积，如用透明半透明的装饰材料进行虚实分割，用镜面反光材料拓展视觉空间等设计手法都会起到很好的作用。

（2）风格定位。

酒店特色的直接表象就是酒店装饰设计风格，设计风格为酒店定调特色，成功的案例最终将为客人留下美的回味。如何能让入住客人对客房的室内空间环境在较短的时间内认同有好感甚至是获得一种意外的惊喜之感，这就需要我们对一些关键的“视点”进行重点设计处理，例如经济快捷酒店的客房就在床头和电视机背景墙所处的重点区域，通过装饰材料、装饰物件的精心配置，同时又借助灯光局部的辅助照明来强化对装饰材料、装饰物件的表现。这些装饰亮点细节的表现也不是千篇一律的，需要设计师因地制宜、因材制宜去设计创造视觉亮点，争取给使用者留下较好的第一印象。

风格的表象可以通过装饰符号语言、装饰物件、家具、灯饰陈设、布艺、墙纸色彩等达到设计效果，但是在这个设计创造过程中应该分清主次，这里面的各要素之间有陪衬有烘托最终是风格服务于功能，风格体现特色。只有风格设计创作遵循视觉美学的规律、受众的文化背景才能算是一个成功的创作案例。

（3）以人为本。

以人为本的人性化设计，是功能设计与风格设计体现在细节深化上的为人的使用需求带来方便快捷、舒适的设计用户体验。人性化设计是设计师从人在视觉、触觉、嗅觉、音响、心理上结合人对使用物的安全性、私密性、方便性、舒适性、个性享受的综合考量。

在信息社会的当下商务经济快速发展，经济快捷酒店应运而生。客人选择这一类型的酒店，比如对客房里面的工作区域就有一定的要求，需要有相对宽敞的工作文案台面，有电源、信息数据线的接口预留，有特定的台面辅助照明提供充足的光线，在工作台面的活动范围内不留磕碰的死角等细节上的设计考虑。当然人性化设计的最优化状态也是依靠生活的经验积累和对设计美学规律运用的综合结果。社会经济、科学技术、人的使用需求是不断发展的，设计者为人的优化服务设计创作也是没有终点的。

6. 酒店卫生间

卫生间是人排放人体机能新陈代谢之后产生的排泄物以及清洁个体卫生的私密性空间区域。在酒店的卫生间设置上有公共卫生间、独立卫生间之分，再具体细化就是客人客房卫生间、员工卫生间这两个主要的类别。在设计档次上根据不同定位类型的酒店在设计上这两类卫生间也是有区别的，主要体现在卫生间区域的设置面积、设备配置、内部空间布局方面。在设置区域位置上公共区域的卫生间位置除了卫生间标识以外不宜醒目暴露，进出入口不宜直接面对公共活动区，在布局组织上有转折变化、在视线上应有所遮挡。

（1）内部的干、湿分区。

卧房卫生间的干、湿分区是一种概念性的分类法。淋浴间、整体浴房、浴缸这一“湿”遍人体全身的区域为“湿”区；而仅是用水清洁的马桶或者是方便蹲位和人体局部触水洗漱台且为“干”区，有了“干”与“湿”的概念后可以根据客人的不同使用需求、时间等因素来进行针对这一特定空间区域的分解设计，在一定程度上起到隔音、隔潮、隔味的效能。

（2）封闭与互动共享。

在常规的酒店建筑设计过程中，为了结构设计及室内给排水的便捷统一，呈现在我们眼前的酒店客房平面布局就是“千篇一律”的先卫生间后卧床的模式，卫生间自然而然的就被封闭起来了，虽然在采光设计上有一定的改进，采用透光性较好的玻璃砖或钢化磨砂玻璃等，但是通风排气还是得借助依靠电能带动的排气扇，在倡导低碳环保的今天也显得有些不合时宜。这种封闭式的不仅使有限的客房空间在整体布局上受到限制，而且也不利于空间设计上的连续性和多样性。现在有很多案例在尝试打破这一空间布局上的常规，试图与就寝区域取得互动，共享室内、外景色、共享影音娱乐、共享人工照明或者是自然采光、拓展客房的视觉心理空间，在实现低碳节能环保的目标时也丰富了整个有限的客房空间。从设计概念到创作实践上体现一种全方位、富有创意的人性化设计实践（见图 4-3-8）。

图 4-3-8 封闭与互动共享案例

4.3.2 酒店空间案例赏析

项目名称：锦江之星——上海新虹桥店

项目面积：20000m^2

项目地点：上海

设计公司：泓叶室内设计工作室

主要材料：木材、大理石

新虹桥酒店是目前国内最大的经济型酒店。功能配套齐全，拥有客房五百余套。设计语言理性、平朴、雅致、时尚（见图 4-3-9 ~ 图 4-3-18）。

图 4-3-9 锦江之星——上海新虹桥店（一）

图 4-3-10 锦江之星——上海新虹桥店（二）

图 4-3-11　锦江之星——上海新虹桥店（三）

图 4-3-12　锦江之星——上海新虹桥店（四）

图 4-3-13　锦江之星——上海新虹桥店（五）

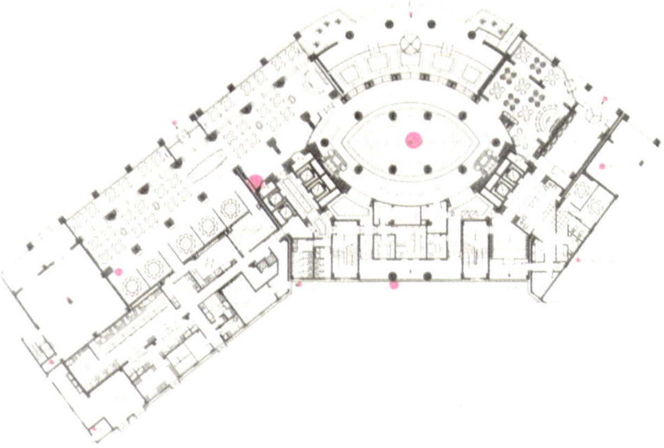

图 4-3-14　锦江之星——上海新虹桥店平面图

图 4-3-15　锦江之星——上海新虹桥店（六）

图 4-3-16　锦江之星——上海新虹桥店（七）

图 4-3-17　锦江之星——上海新虹桥店（八）

图 4-3-18　锦江之星——上海新虹桥店（九）

实训　宾馆客房室内设计实训

1. 实训目的

通过实训培养学生的综合分析能力、方案设计能力。深入理解客房室内设计的基本要求，通过对相关理论知识的综合运用，使所学知识巩固扩展和系统化。

2. 实训要求

本实训主要是对某四星级宾馆的客房进行装饰设计（见图 4-3-19）。房间净高 3.0m，宾馆位于某市区内主干道旁。设计要求有以下几点。

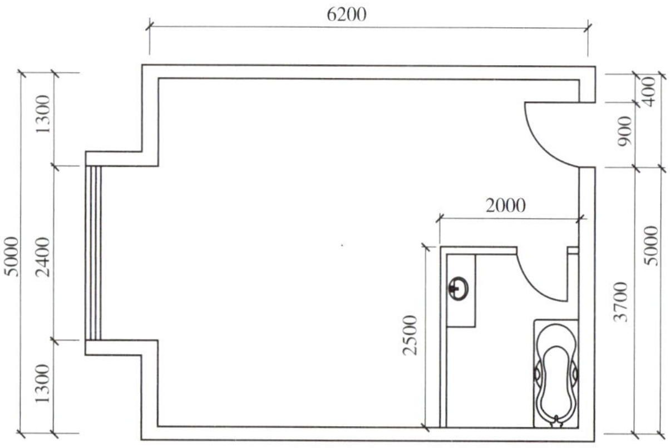

图 4-3-19　客房平面图

（1）客房内要合理划分睡眠区、休息区、工作区、洗浴区、交通区等空间，标准间一般布置两个单人床。

（2）设计考虑各类家具（如床、床头柜、写字台、化妆台、休息椅、行李架、衣柜等）和灯光的运用。

（3）创造淡雅宁静而不乏华丽的装饰效果，给客人以温馨、安静的舒适环境。

3. 实训内容

（1）平面布置方案图：基本尺度；家具、陈设等。

（2）顶棚布置方案图：顶棚的造型；灯具、设备位置等。

（3）效果图：表现方式不限，可用电脑表现图或手绘图等。

（4）设计说明：300 字左右，说明设计思路。

注：平面布置图、顶棚布置图比例一般为 1:50。图纸规格根据情况采用 A2（594mm × 420mm）或 A3（420mm × 297mm）图幅。

参 考 文 献

[1] 谭元亨 . 城市建筑美学 [M] . 广州：华南理工大学出版社，2004.

[2] 王奕 . 酒店与酒店设计 [M] . 2 版 . 北京：中国水利水电出版社，2012.

[3] 过伟敏，王筱倩 . 环境设计 [M] . 北京：高等教育出版社，2009.

[4] 荆其敏，张丽安 . 建筑环境设计 [M] . 天津：天津大学出版社，2010.

[5] 黄艳 . 室内绿化设计 [M] . 北京：中国建筑工业出版社，2012.

[6] 朱吉顶 . 建筑装饰设计 [M] . 北京：机械工业出版社，2011.

[7] 高祥生，等 . 室内设计师手册 [M] . 北京：中国建筑工业出版社，2001.

[8] 精品文化 . 小空间大智慧 [M] . 武汉：华中科技大学出版社，2012.

[9] 中国建筑学会室内设计分会 .1998—2008 中国室内设计大奖赛中国杰出室内设计师 [M] . 武汉：华中科技大学出版社，2008.

[10] 安全管理网 (http://www.safehoo.com) 详细出处：http://www.safehoo.com/Manage/Trade/Fire/201304/310835.shtml

精品推荐 ·“十二五”普通高等教育本科国家级规划教材

扫描书下二维码获得图书详情
批量购买请联系中国水利水电出版社营销中心 010-68367658
教材申报请发邮件至 liujiao@waterpub.com.cn 或致电 010-68545968

《办公空间设计》
978-7-5170-3635-7
作者：薛娟 等
定价：39.00
出版日期：2015 年 8 月

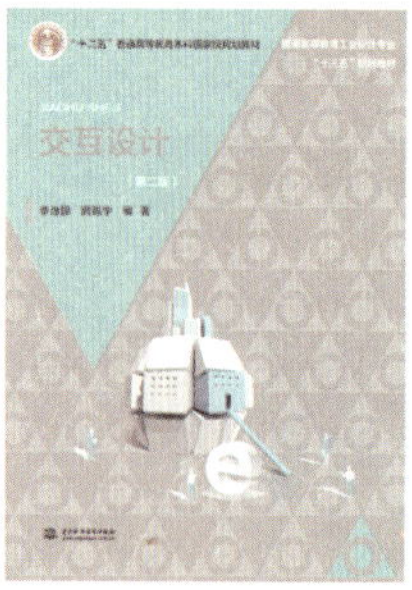

《交互设计》
978-7-5170-4229-7
作者：李世国 等
定价：52.00
出版日期：2017 年 1 月

《装饰造型基础》
978-7-5084-8291-0
作者：王莉 等
定价：48.00
出版日期：2014 年 1 月

新书推荐 ·普通高等教育艺术设计类“十三五”规划教材

| 色彩风景表现 | 978-7-5170-5481-8

| 设计素描 | 978-7-5170-5380-4

| 中外装饰艺术史 | 978-7-5170-5247-0

| 中外美术简史 | 978-7-5170-4581-6

| 设计色彩 | 978-7-5170-0158-4

| 设计素描教程 | 978-7-5170-3202-1

| 中外美术史 | 978-7-5170-3066-9

| 立体构成 | 978-7-5170-2999-1

| 数码摄影基础 | 978-7-5170-3033-1

| 造型基础 | 978-7-5170-4580-9

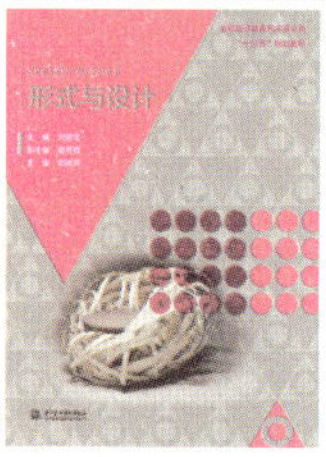
| 形式与设计 | 978-7-5170-4534-2

| 家具结构设计 | 978-7-5170-6201-1

| 景观小品设计 | 978-7-5170-5519-8

| 室内装饰工程预算与投标报价 | 978-7-5170-3143-7

| 景观设计基础与原理 | 978-7-5170-4526-7

| 环境艺术模型制作 | 978-7-5170-3683-8

| 家具设计 | 978-7-5170-3385-1

| 室内装饰材料与构造 | 978-7-5170-3788-0

| 别墅设计 | 978-7-5170-3840-5

| 景观快速设计与表现 | 978-7-5170-4496-3

| 园林设计初步 | 978-7-5170-5620-1

| 园林植物造景 | 978-7-5170-5239-5

| 园林规划设计 | 978-7-5170-2871-0

| 园林设计 CAD+SketchUp 教程 | 978-7-5170-3323-3

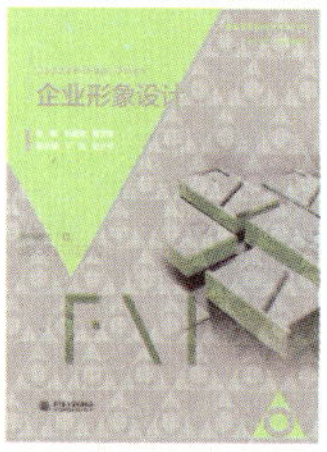
| 企业形象设计 | 978-7-5170-3052-2

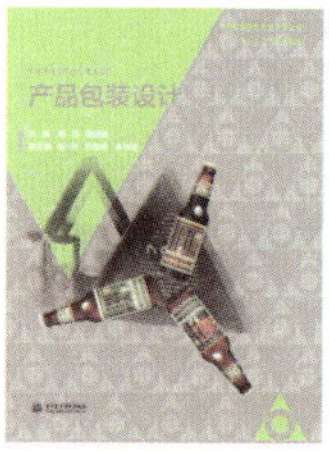
| 产品包装设计 | 978-7-5170-3295-3

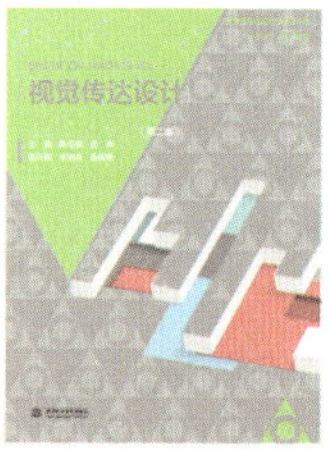
| 视觉传达设计 | 978-7-5170-5157-2

| 产品设计创意分析与应用 | 978-7-5170-6021-5

| 计算机辅助工业设计—Rhino与T-Splines的应用 | 978-7-5170-5248-7

| 产品系统设计 | 978-7-5170-5188-6

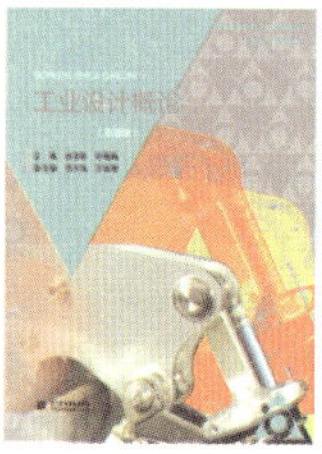
| 工业设计概论 | 978-7-5170-4598-4

| 公共设施设计 | 978-7-5170-4588-5

| 影视后期合成技法精粹—Nuke | 978-7-5170-6064-2

| 游戏美术设计 | 978-7-5170-6006-2

| Revit 基础教程 | 978-7-5170-5054-4